JN279738

植物遺伝学入門

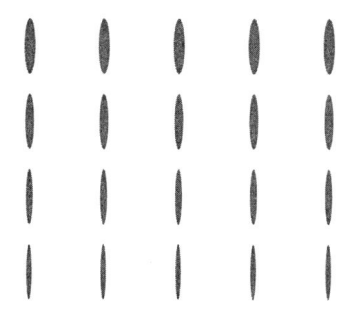

三上哲夫
編著

西尾　剛　佐野芳雄
遠藤　隆　大西近江
著

朝倉書店

執筆者

西尾　　剛（にし お たけし）	東北大学大学院農学研究科教授
佐野　芳雄（さ の よし お）	北海道大学大学院農学研究科教授
三上　哲夫（み かみ てつ お）	北海道大学大学院農学研究科教授
遠藤　　隆（えん どう たかし）	京都大学大学院農学研究科教授
大西　近江（おお にし おう み）	京都大学大学院農学研究科教授

（執筆順）

まえがき

　あらためて云うまでもなく，遺伝学は19世紀後半に，「高等植物の遺伝学」として創始された．20世紀に入ると遺伝学の主役の座はヒトを含めた動物や，細菌，ウイルスに移った，という印象が否めない．しかし，たとえばトウモロコシでの動く遺伝子（トランスポゾン）の発見に象徴されるように，高等植物がその後の遺伝学の発展に果たしてきた役割は大きい．染色体上のある場所から別の場所へと動いてゆくトランスポゾンの存在については，実はそれまでの遺伝学の常識とかけ離れていたため，長い間受け容れられなかった．今日ではその実体も明らかとなり，トランスポゾン抜きでは突然変異もゲノム進化も正しく理解できないことが認識されている．

　高等学校で「生物」を修めた学生が，さらに進学先の教養課程や専門課程で「植物遺伝学」を受講するとき，教科書としてあるいは参考書として充分に読みこなすことのできる本をつくりたいとの相談を，朝倉書店編集部からもちかけられたのは2000年秋のことである．この年の暮れには，日欧米による国際共同プロジェクトの成果が実り，被子植物シロイヌナズナの全ゲノムの解読が発表された．「世紀末」，「ミレニアム」といった，普段ほとんど目にすることのない言葉がマスメディアに頻繁に登場した2000年は，植物遺伝学における新時代の幕開きを実感した年でもあった．

　本書に述べられているように，植物も動物と同様，その細胞は染色体を含む．染色体上の遺伝子の本体がDNAであり，遺伝情報がA，G，C，Tの4文字で書かれている点でも，植物と動物に違いはない．一方，植物の生殖様式は動物と異なって，無性生殖から自家受精まで多様性に富む．倍数体が自然界でしばしばみつかるのも，植物特有の現象と云ってよい．

　本書の編集に当たっては，基礎的な内容の記述に重点を置くとともに，植物のもつ特殊性と普遍性の両面がよく理解されるように，全体を組み立てることにした．植物を使った先駆的な遺伝研究の実例や新時代への橋渡しとなるに違いない

項目もできるだけ盛り込んだつもりである．例に挙げた植物の多くは，身近な栽培植物で占められている．これは植物遺伝学の発展が育種研究によって絶えず促され，また植物遺伝学の成果が育種へ巧みに応用されてきた事情を端的に示すものである．

　われわれの意図したことがどれだけ達成できたかは，読者の判断に委ねたい．紙幅に限りがあり，削除を余儀なくされた項目も少なくないが，本書を通じて，一人でも多くの読者に植物遺伝学への関心と理解を深めてもらうことができれば幸いである．

　最後に，貴重な写真を提供していただいた研究者の方々と，上梓に至るまで辛抱強く編集実務に当たられた朝倉書店編集部の方々に，心から謝意を表したい．

2004年2月

編著者　三上哲夫

目　　次

1. 植物の性と生殖 ……………………………………（西尾　剛）… 1
　1.1　生　活　環 …………………………………………………………… 1
　　　a.　世代交代と核相交代 ……………………………………………… 1
　　　b.　生殖様式 …………………………………………………………… 3
　1.2　生殖器官の分化 ……………………………………………………… 6
　　　a.　花芽分化 …………………………………………………………… 6
　　　b.　花器官の分化 ……………………………………………………… 8
　1.3　雌雄性と性染色体 …………………………………………………… 10
　　　a.　雌雄性 ……………………………………………………………… 10
　　　b.　性決定と性染色体 ………………………………………………… 11
　1.4　生殖細胞の形成 ……………………………………………………… 13
　　　a.　雄ずいの形成と花粉の発育 ……………………………………… 13
　　　b.　雄性不稔性 ………………………………………………………… 15
　　　c.　雌ずいの形成と胚嚢の発育 ……………………………………… 18
　　　d.　アポミクシス ……………………………………………………… 19
　1.5　受粉と不和合性 ……………………………………………………… 22
　　　a.　受　粉 ……………………………………………………………… 22
　　　b.　不和合性 …………………………………………………………… 22
　1.6　受精と胚発生 ………………………………………………………… 28
　　　a.　受　精 ……………………………………………………………… 28
　　　b.　胚の形成と発達 …………………………………………………… 29
　　　c.　不定胚 ……………………………………………………………… 31
　　　d.　種子の形成 ………………………………………………………… 31

2. 遺伝のしくみ ……………………………（佐野芳雄）… 33
2.1 メンデルの法則 ……………………………………………… 33
　　a. 優劣の法則 ………………………………………………… 34
　　b. 分離の法則 ………………………………………………… 34
　　c. 独立の法則 ………………………………………………… 35
　　d. 独立遺伝の一般則 ………………………………………… 35
　　e. 対立遺伝子の命名 ………………………………………… 36
　　f. 後代検定と検定交雑 ……………………………………… 38
　　g. 確率現象としての遺伝 …………………………………… 38
2.2 いろいろな遺伝現象 ………………………………………… 40
　　a. 対立遺伝子の類別 ………………………………………… 40
　　b. 複対立遺伝子 ……………………………………………… 41
　　c. 遺伝子座 …………………………………………………… 42
　　d. 遺伝子間相互作用 ………………………………………… 43
　　e. 量的遺伝―ポリジーン説 ………………………………… 45
　　f. 致死遺伝子と永久雑種 …………………………………… 46
　　g. 形質発現の複雑性 ………………………………………… 47
2.3 性と組換え ……………………………………………………… 49
　　a. 染色体説 …………………………………………………… 49
　　b. 性と組換え機構 …………………………………………… 49
　　c. 伴性遺伝 …………………………………………………… 50
　　d. 連鎖と組換え ……………………………………………… 51
　　e. 体細胞組換え ……………………………………………… 52
2.4 細胞質遺伝と母性効果 ……………………………………… 54
　　a. 細胞質遺伝 ………………………………………………… 54
　　b. 母性効果 …………………………………………………… 55
2.5 突 然 変 異 ……………………………………………………… 56
　　a. 遺伝子の微細構造 ………………………………………… 57
　　b. 動く遺伝子 ………………………………………………… 57
　　c. 擬似突然変異 ……………………………………………… 59
　　d. ゲノムインプリンティング ……………………………… 60

3. 遺伝子の分子的基礎 ……………………………………（三上哲夫）… 63
3.1 遺伝子の構造 …………………………………………………………… 63
a. 核酸の化学構造 ……………………………………………………… 63
b. DNAの二重らせん構造 …………………………………………… 63
c. DNA複製 ……………………………………………………………… 64
d. DNA修復 ……………………………………………………………… 67
3.2 遺伝子の発現 …………………………………………………………… 69
a. 転　写 ………………………………………………………………… 69
b. RNAのプロセシング ………………………………………………… 71
c. 翻　訳 ………………………………………………………………… 74

4. 染色体と遺伝 ………………………………………………（遠藤　隆）… 81
4.1 体細胞有糸分裂 ………………………………………………………… 81
a. 染色体の形態と核型 ………………………………………………… 81
b. テロメア ……………………………………………………………… 83
c. 染色体同定の手法 …………………………………………………… 85
d. 細胞周期と有糸分裂 ………………………………………………… 86
4.2 減数分裂 ………………………………………………………………… 89
a. 減数分裂の過程 ……………………………………………………… 89
b. 減数分裂の意義 ……………………………………………………… 92
4.3 染色体の異常 …………………………………………………………… 93
a. 異数性 ………………………………………………………………… 93
b. 構造の異常 …………………………………………………………… 95
c. 染色体構造異常を誘発する遺伝子 ………………………………… 97
4.4 倍数性とゲノム ………………………………………………………… 98
a. 正倍数性 ……………………………………………………………… 98
b. 倍数体の育成 ………………………………………………………… 100
c. ゲノム分析 …………………………………………………………… 102

5. 植物ゲノムと遺伝子操作 ……………………（三上哲夫）… 105
- 5.1 植物ゲノム …………………………………………………… 105
  - a. 核ゲノム ………………………………………………… 105
  - b. 葉緑体ゲノム …………………………………………… 107
  - c. ミトコンドリアゲノム ………………………………… 110
- 5.2 遺伝子操作と分子育種 …………………………………… 113
  - a. 遺伝子工学 ……………………………………………… 113
  - b. 分子育種 ………………………………………………… 116
  - c. 逆遺伝学 ………………………………………………… 118

6. 集団と進化 ………………………………………（大西近江）… 120
- 6.1 遺伝進化学の基礎 ………………………………………… 120
  - 集団の進化のしくみ ……………………………………… 120
- 6.2 分子系統樹と種の分岐 …………………………………… 133
  - a. 分子系統樹 ……………………………………………… 133
  - b. 分子系統分類の方法 …………………………………… 135
- 6.3 種分化の様式と機構 ……………………………………… 138
  - a. 種分化 …………………………………………………… 138
  - b. 種分化の要因 …………………………………………… 139
  - c. ソバ属における種分化の例 …………………………… 143
- 6.4 栽培植物の起原と分化 …………………………………… 147
  - a. 野生種と栽培種 ………………………………………… 147
  - b. 栽培植物の起原，野生祖先種と起原地 ……………… 149
  - c. 栽培植物起原の研究法 ………………………………… 150
  - d. 遺伝子プール …………………………………………… 150
- 6.5 保全生物学 ………………………………………………… 152
  - a. 遺伝的多様性 …………………………………………… 152
  - b. 遺伝資源の保全と利用 ………………………………… 153

参 考 文 献 ……………………………………………………………… 157
索　　　引 ……………………………………………………………… 159

1. 植物の性と生殖

　遺伝とは親の特性が子に伝わることであり，このことは生殖によってなされる．遺伝現象を理解するには性と生殖について理解する必要がある．植物には分類学上菌類が含められるが，一般に植物というと緑色植物をさす．緑色植物は藻類と陸上植物に分かれ，陸上植物はコケ類と維管束植物に分かれる．維管束植物はシダ類と種子植物に分かれ，種子植物は裸子植物と被子植物に分かれる（図1.1）．これらの違いは，水中の植物から被子植物に進化する過程で，生殖機構がより乾燥した気候に適応してきたことを示している．そのため，生殖器官の形態などはこれらの間で大きく異なる．種類が多く，人間との関わりが深いのは被子植物であるので，ここでは被子植物の性と生殖を中心に述べる．

1.1 生 活 環

a. 世代交代と核相交代

　細胞分裂には2つの型がある．通常の成長においては，分裂によって母細胞（mother cell）と同じ染色体をもつ娘細胞（daughter cell）が2つできる体細胞分

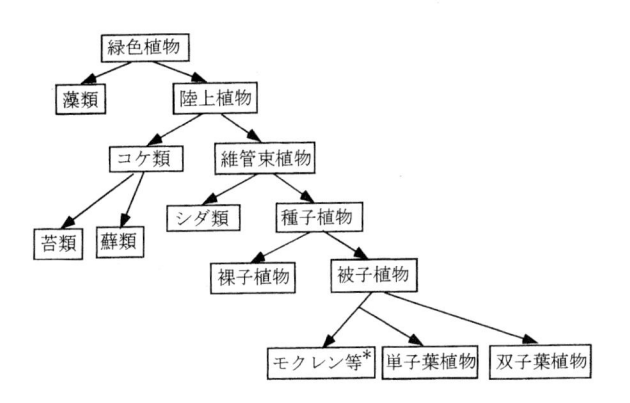

図 1.1 緑色植物の分類
*「モクレン等」には，モクレン目，コショウ目，クスノキ目等が含まれる．

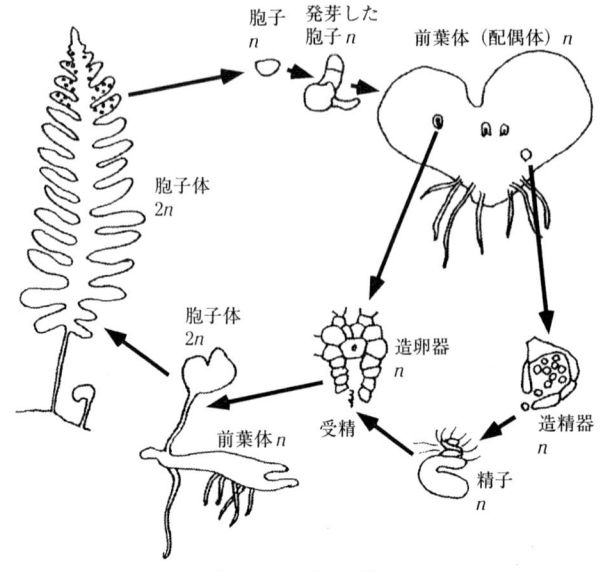

図1.2 シダの生活環

裂が行われるが，生殖細胞（reproductive cell，雌雄の配偶子にあたる）が形成されるときにだけ，母細胞の半分の染色体数をもつ娘細胞ができる減数分裂（meiosis）(4.2節参照) が起こる．減数分裂によってできた細胞が配偶体（gametophyte）に発達する．種子植物では雄性配偶体は花粉（pollen）であり，雌性配偶体は胚嚢（embryo sac）である．花粉の中の精細胞（sperm cell）と胚嚢の中の卵細胞（egg cell）が配偶子（gamete）であり，これらが合体して子の体細胞ができる．これが受精（fertilization）である．

子の体細胞は母親から受け継いだ染色体と父親から受け継いだ染色体を合わせもつことになる．生殖細胞に存在する染色体数をnで表すと，受精によって$2n$となり，その個体が成長してまたnの生殖細胞をつくる．このように，nと$2n$が有性生殖に伴って交互に代わる．配偶体は単相（n）(haplophase) であり，胞子体（sporophyte）(種子植物では植物体) は複相（$2n$）(diplophase) であるが，これが交代することを核相交代（alteration of nuclear phase）という．植物では世代交代は核相交代と一致する．

種子植物の配偶体は著しく小さいが，シダの配偶体は胞子（spore）から育った前葉体（prothallium）であり，比較的大きい（図1.2）．しかし，シダでは胞子

図1.3 コケの生活環

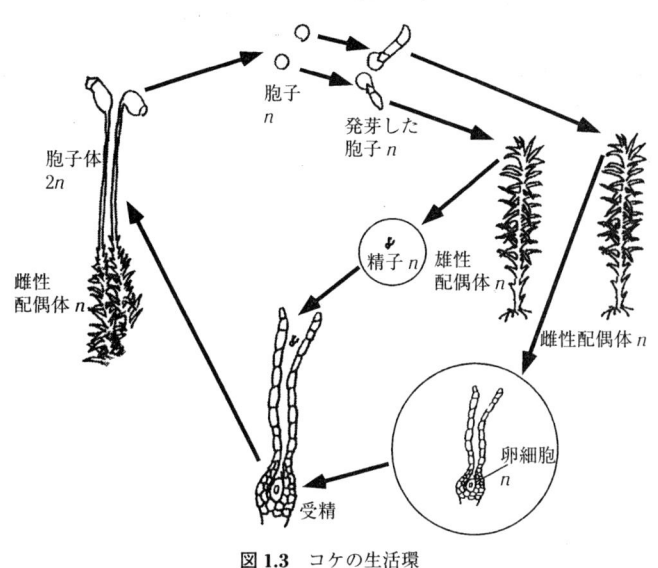

体の方が配偶体よりまだかなり大きいのに対し，コケでは配偶体の方が大型で，胞子体は小さく配偶体の上に形成され，被子植物と対照的である（図1.3）．

b. 生 殖 様 式

　植物は動物と異なり多様な生殖様式をもつ．種子植物には一年生植物（annual plant），二年生植物（biennial plant）と多年生植物（perennial plant）があり，一年生植物や二年生植物は，それぞれ1年あるいは2年以内に開花・結実して種子を残して枯死する．開花・結実して種子を残す生殖は有性生殖であり，種子繁殖（seed propagation）という．一方，多年生植物には，木本植物のように1つの個体の地上部がそのまま成長を続けるものや，生育に適さない季節には地上部が枯れて，翌年，地下の茎や根から植物体が生じるものなどがある．茎や根などからの繁殖は生殖細胞を通じての繁殖ではなく無性生殖（asexual reproduction）である．栄養器官から個体が再生するので，栄養繁殖（vegetative propagation）という．多年生植物も大部分の種が有性生殖をするが，種子の生産力が一・二年生植物に比べて低いものが多い．

1）種 子 繁 殖

　種子は一般に受精により生じる．種子植物では種子繁殖と有性生殖はほぼ同義

であるが，植物によっては受精しないで種子形成する場合があり，これをアポミクシス（apomixis，無配偶生殖）という．研究者により，アポミクシスを有性生殖に含める考えと無性生殖に含める考えがあるが，ここでは無性生殖に含める．アポミクシスにも種々のものがあるため，詳しいことは後述する．

ほとんどの動物は雌雄異体（dioecy）であるが，被子植物で雌雄異体（植物では雌雄異株（dioecy）という）のものは少なく，多くは1つの花の中に雄ずい（stamen）と雌ずい（pistil）がある両性花（hermaphrodite flower）をもつ．両性花は同じ個体の花粉が雌ずいに受粉すること，すなわち自家受粉（self-pollination）しやすい構造である．自家受粉による受精を自家受精（self-fertilization）といい，これによる種子繁殖を自殖（autogamy）というが，両性花は自殖させやすい生殖器官である．しかし，多くの植物は，虫を引き寄せる色や香りをもつ花をつけるか大量の花粉をつくって，虫や風の助けを借りて花粉を運び，他家受粉（cross-pollination）して，他家受精（cross-fertilization）による種子をつくる他殖（allogamy）を行う．

主として自殖する植物を自殖性植物（autogamous plant），主として他殖する植物を他殖性植物（allogamous plant）という．イネやトマトのように，開花しても自動的に自家受粉して自殖する植物や，ラッカセイなどのように蕾のときに自家受粉してしまうものもある．花が閉じたまま自家受粉することを閉花受粉（cleistogamy）という．スミレは，開花期の終わりに花弁をもたない閉花受粉専用の花をつける．このように閉花受粉で自殖するものは，完全な自殖性植物である．一方，雌雄異株植物は完全な他殖性植物である．しかし，植物は主として自殖するがわずかに他殖するもの，主として他殖するがわずかに自殖するもの，その中間型など，種によって，あるいは同一種内でも変種や品種によってさまざまである．

雌雄異株のほかに，植物はさまざまな他殖を促す機構をもつ．トウモロコシやキュウリのように1つの個体が雄花と雌花を別々につける雌雄同株（monoecy），両性花であっても雄ずいと雌ずいが生殖能をもつ時期が異なる雌雄異熟（dicogamy）があり，自家受粉しにくいようになっている．また，自家受粉では受精できず，他家受粉でのみ受精して種子ができる自家不和合性（self-incompatibility）という他殖を促す機構もあり，これは多くの被子植物にみられる特性である．

表 1.1　栄養繁殖植物の繁殖法

繁殖法	植物の種類
自然繁殖	
匍匐茎	イチゴ，シバ，つる性植物（クズ，ヒルガオ等）
塊　茎	ジャガイモ，チョロギ，カラー
球　茎	サトイモ，クワイ，グラジオラス，クロッカス
鱗　茎	タマネギ，ユリ，チューリップ，スイセン
根　茎	ハス，フキ，タケ，アヤメ，スイレン
塊　根	サツマイモ，ダリア，シャクヤク，キキョウ
珠　芽	ヤマノイモ，オニユリ
人為的繁殖	
挿し木	チャ，ツツジ，カーネーション
接ぎ木	リンゴ，ミカン，ナシ，モモ，ブドウ，カキ，バラ
根挿し	キイチゴ
葉挿し	ベゴニア
鱗片繁殖	ユリ
無菌培養	ラン（シンビジウム等），ジャガイモ，コンニャク

2）栄養繁殖

　ジャガイモのようなイモ類や，シバやイチゴのような匍匐茎をもつ多年生植物は，主として栄養繁殖で増殖する．栄養体の一部分が残ってそこから植物体が生じるので，子は親個体とすべての遺伝子が同じ遺伝子型であり，このように増殖した別々の個体はクローン（clone）と呼ばれる．栄養繁殖植物では，突然変異が起こったり，ウイルスに感染したりしなければ，親とまったく同じ特性の個体が増殖することになる．

　イモ類や球根植物の繁殖体（propagule）の形態はさまざまであるが，いずれも地下の茎や根が肥大したものである．同じように茎が肥大したものであっても，その形態によって呼び方が異なる（表1.1）．イモ（tuber）と球根は意味が重複するが，タマネギやユリのような鱗茎（bulb）はイモには含まれない．ヤマノイモやユリでは，地下の茎葉だけでなく，地上部の葉の付け根の芽（腋芽，axillary bud）がイモや鱗茎状になり，これが脱落して個体を生じる．これは珠芽またはむかご（aerial tuber，bulbil）と呼ばれる．

　イモや匍匐茎で増殖するのは，種子繁殖に比べ繁殖の効率が低く，遠く離れた位置にまで広がることは難しい．しかし，ヤマノイモや，サトイモ，ニンニクなどのように，不稔のために種子繁殖が困難となった植物でも増殖できる．多くの

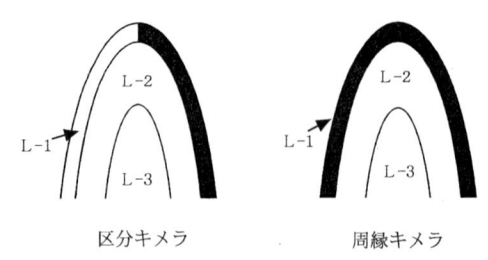

図 1.4 区分キメラと周縁キメラ
成長点部分を示す．黒い部分が突然変異した細胞からなる．

　栄養繁殖植物は，栄養繁殖とともに種子繁殖も行うことが多い．
　果樹や林木などの木本植物は自然では栄養繁殖しないが，挿し木や接ぎ木などの人為的な栄養繁殖が行われる．果樹や茶の品種は，栄養繁殖で増殖したクローンである．人工培地において無菌条件で不定芽（adventitious bud，本来芽がないところに生じる芽）を分化させる方法や，成長点を増やす増殖法も一部の植物で利用されている．
　栄養繁殖では，単細胞となる時期がないため，成長点で起こった突然変異がキメラ（chimera）の状態で保持される．キメラとは遺伝的に特性が異なる細胞が混在して1つの個体をつくっている状態である（図1.4）．葉の右半分が緑色で左半分が白色であるとか，1本の木の1つの枝が白花で他の枝が赤花であるようなものを区分キメラ（mericlinal chimera）という．特性が異なる細胞が植物体全体で層状になっている場合もあり，これを周縁キメラ（periclinal chimera）という．植物組織は3層からなっており，表皮細胞をL-1層，髄の部分をL-3層，その間をL-2層と呼ぶ．赤キャベツの葉やサツマイモのイモの皮の色は，L-1層でのアントシアン系色素による．花粉や胚嚢はL-2層から生じるので，種子繁殖すればL-2層の細胞の特性が次代に引き継がれ，キメラではなくなるが，挿し木などの栄養繁殖ではこの層構造は維持されるため，周縁キメラの状態は安定して保持される．細胞培養を行って植物体を再生させれば，キメラではなくなる．

1.2　生殖器官の分化

a. 花芽分化

　植物はある一定の大きさ以上に達すると，決まった季節に花をつけ有性生殖を

行う．栄養成長を続けていた成長点に変化が起こり，花芽分化（floral differentiation）する．一般に，イネやキクのような夏から秋に咲く花は，1日の日の長さが，ある決まった時間より短くなると花成誘導（floral induction）を受けて花芽分化する．このような日の短さを短日（short day）といい，短日で花芽分化する植物を短日植物（short-day plant）という．24時間の明暗のサイクルの中で，昼にあたるのが明期（light period）で，夜にあたるのが暗期（dark period）であり，明期の長さを日長（daylength）という．また，それ以上長くなると短日植物で花成誘導しなくなる限界となる日長を限界日長（critical daylength）という．限界日長は植物種によって異なり，また，明期と感じる明るさも植物によって異なる．花成誘導が起こるのに必要な日数も植物種により異なり，一度の短日刺激で花成誘導が起こる植物もある．

ムギ類やシロイヌナズナ等の春に咲く花は，一般に長い日長で花芽分化する．このような長い日長を長日（long day）といい，長日で花芽分化する植物を長日植物（long-day plant）という．しかし，長日植物は短日植物より長い日長で花成誘導が起こるということではなく，その植物固有の限界日長より短い日長で花成誘導が起こるのが短日植物であり，その植物固有の限界日長より長い日長で花成誘導が起こるのが長日植物である．トウモロコシやトマトのように日長に関係なく花芽分化する植物を中日植物（day-neutral plant）という．日長に感応して，花成誘導が起こることを光周性（photoperiodism）という．

春に咲く花では，日長だけでなく，冬の寒さを受けることが花成誘導に必要なこともある．夏の間，5℃程度の低温室に植物を置くことによって，春に咲く花を秋に咲かせることが可能となり，逆に冬の間高温に保つことによって，花芽分化させず，栄養成長を続けさせることも可能である．このような低温処理を春化処理（vernalization）という．春化処理によって，長日が不十分でも長日植物が花芽分化することがある．

植物体がある一定の大きさに達するまでは，日長や低温などの花芽分化の刺激を受けても花成誘導が起こらない．このような特性を基本栄養成長性（basic vegetative growth）という．木本植物では，花芽分化をするまで一般に何年も必要である．キャベツは花芽分化に低温が必要であるが，小さな苗では低温を受けても花芽分化せず，茎がある程度太ることが低温感応に必要である．一方，植物体が十分大きくなると，日長や低温などの刺激が不十分でも，花成誘導が起こる

ことがある．

　同じ植物種でも，生態型（ecotype）や品種（cultivar）によって日長感応性や低温感応性，基本栄養成長性に差があり，それぞれが種々の地域に適応している．九州地方のイネ品種は，花芽分化に短日の要求性が高く（感光性が高いという），これを北日本で栽培すると，寒さが来るまでに十分に熟さない．一方，北海道のイネ品種は，短日の要求性が低く（感光性が低いという），十分な温度があれば開花するので，これを暖地で栽培すると，小さな植物体で開花する．秋まきのコムギは，寒地では花芽分化に低温要求性が高い品種が，暖地では低温要求性が低い品種が栽培される．北海道よりも寒いところでは春まきのコムギが栽培されるが，春まきの品種は低温要求性が低い．

　光周性には植物の内生リズムが関わっていると考えられている．植物の内生リズムにしたがって遺伝子発現が制御されている遺伝子もいくつかわかっている．日長を感知する器官は葉であり，光の受容体はフィトクローム（phytochrome）である．フィトクロームは光を吸収する色素の部分とタンパク質の部分からなり，そのタンパク質の遺伝子は，いくつかの植物で単離されている．シロイヌナズナの突然変異体の解析から，花成誘導に関わる遺伝子が多数単離され，それぞれの機能が明らかにされている．しかし，光周性や春化は植物種により多様であり，その分子機構はまだ不明な点が多い．

b.　花器官の分化

　花は葉が特殊な構造に変化したものである．雌ずい，雄ずい，花弁（petal），がく（sepal）からなるが，それぞれが葉の構造を残している．被子植物の雌ずいは，子房（ovary）と花柱（style），柱頭（stigma）からなり，子房内に胚珠（ovule）があり，胚珠内に胚嚢がある（図1.5）．マメ類の雌ずいは1枚の葉が折り畳まれた形をしている．開花時の雌ずいでは小さいためにわかりにくいが，受精して種子が発達して莢になれば，葉の構造をしていることが理解しやすい．アブラナでは2枚の葉が，ユリでは3枚の葉が寄り集まった形をしている．このように，雌ずいを形づくるように分化した葉を心皮（carpel）という．雄ずいは，葯（anther）と花糸（filament）からなり，葯内に花粉ができる．花糸は多くは糸状であるが，モクレン属の植物のように平面状の花糸をもつものもある．花弁やがくが葉から分化したことは，外観上も明らかである．

図 1.5 花の器官

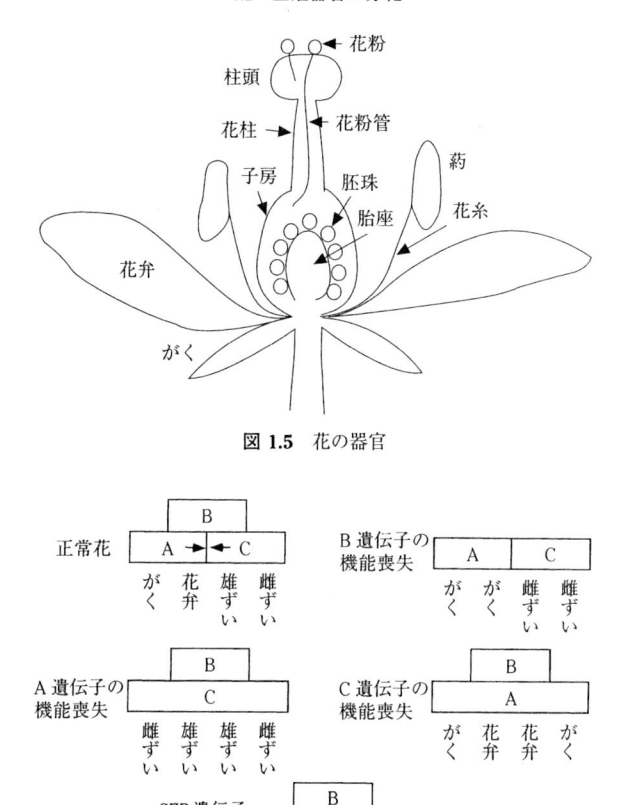

図 1.6 花器官の形態形成に働く遺伝子のモデル

　シロイヌナズナの突然変異体を用いた解析から，雌ずい，雄ずい，花弁，およびがくの形態形成は，DNA結合領域をもち花器官での遺伝子の転写制御に関わるタンパク質の遺伝子である MADSbox 遺伝子と呼ばれるものに制御されていることがわかっている．花の形態形成に関わる MADSbox 遺伝子は，その働く部位から ABC の 3 つに類別されている．

　Aの遺伝子が単独で働くとがくが形成される．Aの遺伝子とBの遺伝子がともに発現すると花弁が形成される．Bの遺伝子とCの遺伝子がともに発現すると雄ずいが形成され，Cの遺伝子が単独で働くと雌ずいが形成される（図1.6）．Aの

遺伝子とCの遺伝子の発現は拮抗しており，もし突然変異によってAの遺伝子が働かなくなると，Aの遺伝子が発現する部位でCの遺伝子が発現し，もしCの遺伝子が働かなくなると，Cの遺伝子が発現する部位でAの遺伝子が発現する．その結果，Aの遺伝子が突然変異によって働かなくなると，がく-花弁-雄ずい-雌ずいの花ではなく，雌ずい-雄ずい-雄ずい-雌ずいの花となり，Bの遺伝子が働かなくなると，がく-がく-雌ずい-雌ずいの花となり，Cの遺伝子が働かなくなると，がく-花弁-花弁-がくの花となる．ABCすべての遺伝子が働かなくなると，すべて葉になる．このような花の形態形成のモデルをABCモデルという．

シロイヌナズナでは，Aの遺伝子として *AP1* が，Bの遺伝子として *AP3* と *PI* が，Cの遺伝子として *AG* がある．キンギョソウやナス科の植物でもこれらの遺伝子に相同性の高い遺伝子が見出されており，花の形態形成がシロイヌナズナと同様にABCモデルで説明できる．最近の研究で，ABCの遺伝子のほかのMADSbox遺伝子である *SEP* が雌ずい，雄ずい，および花弁の形成に必要であり，この遺伝子が働かない突然変異体では雌ずい，雄ずい，および花弁ががくのようになることがわかり，モデルがやや複雑となった（図1.6）．

1.3 雌雄性と性染色体

a. 雌雄性

雌雄同株植物においては，雄花では花の発達途中で雌ずいの原基が退化し，雌花では雄ずいが退化することが観察されている．トウモロコシは雌雄同株で，植物体の頂部に雄花をつけ，茎の下部の葉腋に雌花をつける．正常なトウモロコシは雌花に種子をつけるが，頂部の雄花の部位に種子がつくタッセルシード（tassel seed）という突然変異体がある．タッセルシード突然変異体では，雄花で雌ずいが退化しない．タッセルシード突然変異には6種類の突然変異遺伝子が知られており，*ts1*, *ts2*, *ts4* は劣性遺伝子で，*Ts3*, *Ts5*, *Ts6* は優性遺伝子によりタッセルシード形質を表す．このことから，雄花における雌ずいの退化は複雑な遺伝制御を受けていることがわかる．*ts2* は遺伝子が単離され，短鎖アルコール脱水素酵素の遺伝子と相同性があることがわかっている．

ウリ類もよく知られた雌雄同株植物であるが，両性花をつけるものもある（図1.7）．カボチャやユウガオ，ヘチマ，ヒョウタンは，1個体に雄花と雌花をつけるが，メロンはほとんどの品種が1個体に両性花と雄花をつける．キュウリは系

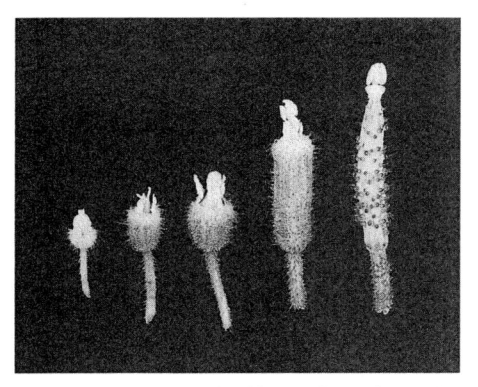

図 1.7 キュウリの雄花（左），両性花（中 3 つ），
雌花（右）［写真提供：高橋秀幸氏］

統によって，雌花のみを着生する雌性型（gynoecious type）や，雄花と雌花を同じ個体に着生する雌雄同株型（monoecious type），両性花のみを着生する両性花型（hermaphroditic type），両性花と雄花を同じ個体に着生する両性雄性同株型（andromonoecious type）に分かれる．これらの型は F（$=Acr$）と M の 2 つの遺伝子により支配され，$M-F-$ は雌性型，$M-ff$ は雌雄同株型，$mmF-$ は両性花型，$mmff$ は両性雄性同株型となる．

ウリ類の雌雄性の発現は遺伝子以外に，栄養状態や環境条件の影響を受ける．窒素過多は雄花着生を促進する．高温条件では雌花の分化が抑制される．短日条件によって雌花分化が促進される品種が多いが，長日条件で雌花分化が促進される品種もある．ウリ類の雌雄性はホルモンの制御を受けており，エチレンは雌性化を促し，ジベレリンは雄性化を促す．

b. 性決定と性染色体

動物と異なり植物では，X と Y の性染色体が明確に識別できる種は少ない．植物の性染色体（sex chromosome）がよくわかっている種にはスイバ（*Rumex acetosa*），アサ（*Cannabis sativa*），マンテマ属の *Silene latifolia*（$=$ *Melandrium album*）がある．動物の Y 染色体と異なり，スイバ，アサ，および *Silene latifolia* では Y 染色体が X 染色体より大きい．アサや *Silene latifolia* では XX が雌で XY が雄であるが，スイバでは Y 染色体が 2 本あり，雌は $2n = XX + 12$ で雄は $2n = XY_1Y_2 + 12$ である．

XとYの性染色体による性決定には2つの型がある．X染色体の数と常染色体（autosome）の数との比X/Aで性が決まり，Y染色体の有無には関係がない型と，X染色体とY染色体の数の比X/Yで性が決まる型で，ショウジョウバエは前者で哺乳類は後者である．植物には両方の型があり，スイバは前者の型で，*Silene latifolia* は後者の型とされる．*Silene latifolia* のY染色体の性決定に及ぼす影響は強く，X/Yが3でも雄となる．

　Y染色体は反復配列（repetitive sequence）を多く含み，X染色体と構造上分化している．スイバのY染色体からは180塩基対の直列の反復配列がとられており，それが2つのY染色体に大量に存在する．アサのY染色体の長腕（long arm）には約4000塩基対のレトロトランスポゾン（retrotransposon）様配列が100〜200コピー直列に存在する．このような反復配列の増加がY染色体の構造上の分化を引き起こし，X染色体との対合が起こりにくくなったものと考えられている．

　ホウレンソウはXとYの性染色体により性決定がなされる雌雄異株植物であるが，XとYは形態的に区別できない．性染色体は $n=6$ の第1染色体であり，減数分裂で正常に対合する．雄型，雌型のほか，間性（＝雌雄同株）の雄花と雌花の比率が違ういろいろな型がある．雄花と雌花の比率は環境条件の影響を受け，長日条件では雄化，短日条件では雌化することが知られている．アスパラガスもXY型の雌雄異株であるが，性染色体は識別できない．雄株は雌株に比べ多収であることから，YYの個体（超雄性，supermale）を作成し，それを雌株と交配することによって，雄株のみを得る育種がなされている．

　雌雄異株の植物でも，花器官の分化の初期段階では両性花と同様に雄ずいと雌ずいの原基をもつが，雄個体と雌個体でそれぞれ一方が退化する．*Silene latifolia* のY染色体が部分欠失した突然変異で，両性花の突然変異体や葯が発達しない突然変異体が得られている．欠失した染色体領域には，雌ずいの退化を引き起こす遺伝子や，雄ずいの発達を促進する遺伝子があると考えられる．

　雌雄異株や雌雄同株の植物は系統樹において散在していることから，これらは両性花の祖先種から独立して何度も生じたと考えられる．性染色体の分化も被子植物の進化において数回起こったといえる．雌雄同株のキュウリにおいて雌性型があるように，雌雄異株は雌雄同株の分化型であるとも考えられる．クワやカキのように，品種や個体によって異なるため，雌雄異株または雌雄同株と記載され

1.4 生殖細胞の形成

a. 雄ずいの形成と花粉の発育

葯は，通常2つの葯裂片（anther lobe）からなり，各裂片は2つの花粉嚢（pollen sac）をもつ．開花後花粉嚢が裂開して，花粉を飛散させる．

発達過程の初期段階の葯は，胞原細胞（archesporial cell）という細胞を含み，これが側壁細胞（parietal cell）と胞子形成細胞（sporogenous cell）に分化する．側壁細胞は葯壁（anther wall）に発達し，胞子形成細胞は花粉母細胞（pollen mother cell；PMC）となる．1つの花粉母細胞が減数分裂して4つの半数性細胞ができるが，その4つが結合した状態の四分子（tetrad）となる．四分子は分かれて4つの小胞子（microspore）となり，それから花粉が発達する．

小胞子が形成されて最初の細胞分裂までに少し休止期がある．この休止期の期間は植物によってさまざまであるが，数時間から数ヶ月までの幅があるといわれている．小胞子が細胞分裂して2つの特徴的な細胞が生じる．1つが栄養核（vegetative nucleus）を含む栄養細胞（vegetative cell）で，もう1つが雄原核（generative nucleus）を含む雄原細胞（generative cell）である．雄原細胞は小さく，栄養細胞の中にできる．雄原細胞は細胞膜で栄養細胞の細胞質と分けられており，色素体（plastid）とミトコンドリア（mitochondria）をもつ．雄原細胞はさらに細胞分裂して2つの精細胞を生じる．精細胞も雄原細胞と同様に色素体とミトコンドリアをもつ．花粉発達の段階が核の数で表現されることがあり，小胞子の段階が一核期（uninucleate stage），雄原細胞と栄養細胞の段階が二核期（binucleate stage），2つの精細胞と栄養細胞の段階が三核期（trinucleate stage）といわれる（図1.8）．

雄原細胞が細胞分裂して精細胞となる時期は，植物種によって異なる．ナス科やマメ科，バラ科の植物では，受粉後，発芽した花粉管（pollen tube）の中で雄原細胞の細胞分裂が起こる．イネ科やキク科，アブラナ科の植物では，葯の中で花粉が発達している途中に細胞分裂が起こり精細胞を生じる．そのため，葯が裂開して花粉が飛散する段階で，ナス科等の花粉は二核期であり，イネ科等の花粉は三核期である．これらをそれぞれ，二核性花粉（binucleate pollen grain）または二細胞性花粉（two-celled pollen grain）と三核性花粉（trinucleate pollen

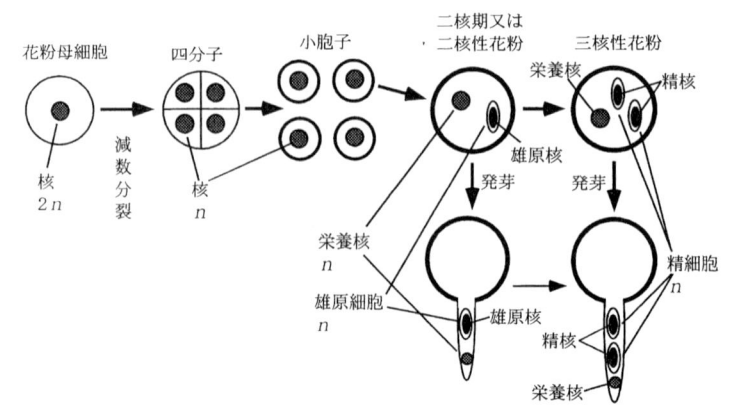

図 1.8　花粉の発達過程

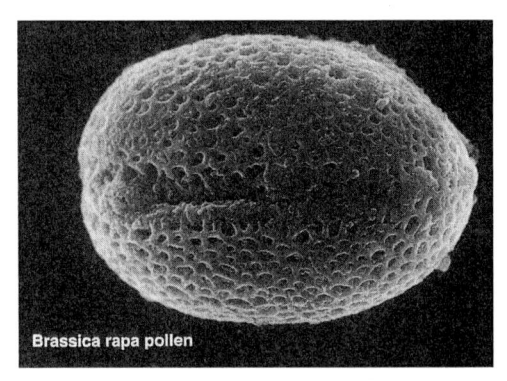

図 1.9　ハクサイの花粉の走査電子顕微鏡像
[写真提供：鳥山欽哉氏]

grain）または三細胞性花粉（three-celled pollen grain）という．

　葯壁の内側の1層の細胞であるタペート細胞（tapetum）が，花粉の発達段階において花粉粒に栄養供給をする重要な細胞であることがわかっている．葯の裂開の前には，タペート細胞が崩壊し，その内容物を花粉表面に付着させる．葯の発達段階は，低温などで障害を受けやすく，イネの障害型冷害では，タペート細胞が異常に肥大することが知られている．

　花粉の表層はスポロポレニン（sporopollenin）でできたエキシン（exine）と呼ばれる層がある．エキシンの表層には，植物種に特徴的な模様があることから，花粉を顕微鏡で観察することによって，植物種が判定できる（図1.9）．エキシンの内側に，主としてセルロースからなるインチン（intine）と呼ばれる層が

あり，さらにその内側に花粉の栄養細胞の細胞膜がある．スポロポレニンは，クチクラ層（cuticle layer）を構成しているクチン（cutin）に類似したもので，脂肪酸の重合物にフェノール化合物のポリマーが混合したものとされている．スポロポレニンは酸や酵素によって分解されにくく，長年月その形を保つことから，地層に含まれる花粉を観察することによって，過去に生息した植物種の推定がなされている．

b. 雄性不稔性

両性花の植物において，雌ずいは形態も機能も正常でありながら，雄ずいが異常で生殖能力のある花粉ができないことを雄性不稔性（male sterility）という．逆に，雄ずいが正常で雌ずいが異常なために種子ができないことを雌性不稔性（female sterility）という．花の発達段階において葯が退化する雄性不稔性は雌雄異株植物の雌性個体と同じで，雌ずいが退化する雌性不稔性は雌雄異株植物の雄性個体と同じであり，雄性不稔性や雌性不稔性は他殖の機構と考えることができる．雄性不稔性の方が，雌性不稔性よりも，自然の突然変異や人為誘発突然変異として，あるいは種間雑種の後代によくみられ，植物育種において一代雑種品種（F_1 hybrid cultivar）の育成上重視される特性であるため，遺伝学的に多くのことがわかっている．

1） 雄性不稔性の遺伝

雄性不稔性は，核遺伝子が原因となる核遺伝子型雄性不稔性（genic male sterility）と細胞質と核遺伝子の組み合わせで生じる細胞質型雄性不稔性（cytoplasmic male sterility）がある．核遺伝子型の雄性不稔性は突然変異でよく生じ，多くの場合劣性の1遺伝子によるものであり，トウモロコシでは $ms1$ から $ms45$ まで32種類（欠番があるため）が知られている．これらは，雄ずいや花粉の発達に必要な遺伝子に欠陥が生じたものと考えられ，原因遺伝子がシロイヌナズナやトウモロコシなどで分子レベルで解明されつつある．

細胞質雄性不稔性は，細胞質遺伝（cytoplasmic inheritance）する雄性不稔性であり，同じ交雑組み合わせでも，どちらを雌親とするかによって子孫の雄性不稔性に差が生じる．多くの植物種で細胞質雄性不稔性が見出されているが，いずれも，ミトコンドリアの遺伝子が原因となっていることが明らかにされている．被子植物では，ミトコンドリアは母性遺伝（maternal inheritance）するので

(1.5節a項参照),雄性不稔細胞質は母性遺伝する.細胞質雄性不稔性は,種内の変異としても見出されるが,亜種間や種間などの遠縁の雑種の子孫でよくみられる.戻し交雑(backcross)を繰り返すことにより,Aの種の細胞質をもちBの種の核ゲノムをもつような個体を作成すると(図1.10),これまでになかった核と細胞質の組み合わせをもつ個体が得られることになり,このようにして多くの雄性不稔系統が作出されている.

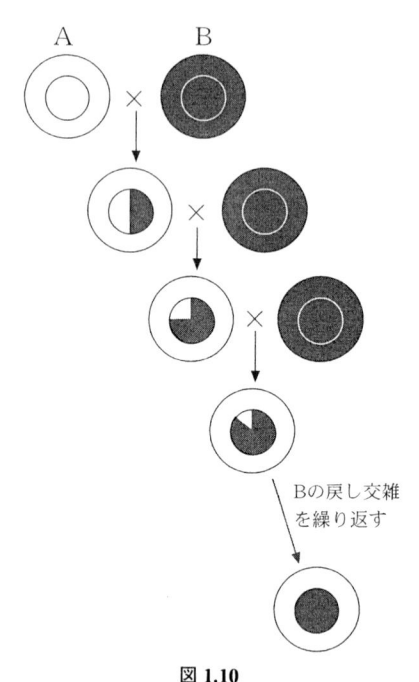

図1.10
戻し交雑を繰り返すことにより一方の親の細胞質と他方の親の核をもつ個体を得る.交雑の左側は雌親,右側は雄親を示す.

細胞質雄性不稔性において,花粉稔性を回復させる核の遺伝子がある.これを稔性回復遺伝子(fertility-restorer gene)といい,雄性不稔細胞質に対して優性1遺伝子で作用するものが多い.雄性不稔細胞質をS細胞質,正常な細胞質をN細胞質とし,回復遺伝子をR,回復能のない対立遺伝子をrとすると,N細胞質をもつ個体はRの遺伝子型にかかわらず可稔であるが,S細胞質をもちrrの遺伝子型の個体は不稔であり,S細胞質をもちRRおよびRrの遺伝子型の個体は可稔となる.回復遺伝子には,配偶体型で作用するものと胞子体型で作用するものが

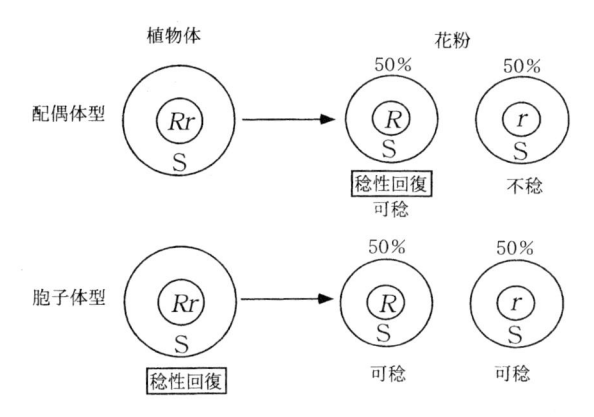

図 1.11 細胞質雄性不稔性における稔性回復遺伝子の配偶体型作用と胞子体型作用
Sは雄性不稔細胞質, Rは稔性回復遺伝子, rは稔性回復能がない劣性遺伝子.

ある．S細胞質をもちRrの遺伝子型の個体において，R遺伝子をもつ小胞子とr遺伝子をもつ小胞子が1：1で生じるが，配偶体型では，S細胞質とr遺伝子をもつ小胞子は，正常に発達せず，受精能力のある花粉とならないが，S細胞質とR遺伝子をもつ小胞子は正常な花粉となる．そのため，配偶体型で作用する回復遺伝子をヘテロ接合でもつ個体では，50％の花粉が稔性をもつことになる．一方，胞子体型で作用する場合，S細胞質をもちRrの遺伝子型の個体において，優性のR遺伝子により花粉稔性が回復し，100％の花粉が稔性をもつことになる（図1.11）．

2) 雄性不稔性に関与する分子

細胞質雄性不稔系統において，ミトコンドリア遺伝子の作用に異常があることがわかっている．トウモロコシのT細胞質による雄性不稔個体では，T細胞質ミトコンドリアの遺伝子により13kDaタンパク質がミトコンドリア内膜につくられる．回復遺伝子である*Rf1*をもつと，13kDaタンパク質の合成が抑制されることから，13kDaタンパク質の蓄積が雄性不稔性の原因と考えられる．イネのBoro細胞質による雄性不稔性では，ミトコンドリア遺伝子の転写産物であるmRNAの長さが，回復遺伝子が*Rf1*か*rf1*かによって異なることがわかっている．

回復遺伝子の実体が，明らかにされつつある．トウモロコシのT細胞質による雄性不稔性の回復遺伝子の1つとされた*Rf2*の遺伝子がはじめて単離されたも

ので，これはミトコンドリア内に蓄積する可溶性タンパク質であるアルデヒド脱水素酵素の遺伝子であるが，その後の研究で，この遺伝子はT細胞質だけでなく正常なN細胞質においても正常な葯の発達に必要であることが示された．ペチュニア等で最近相次いで見出された稔性回復遺伝子は，ミトコンドリアに移送されミトコンドリア mRNA のプロセシングに関わるタンパク質の遺伝子であることがわかっている．

c. 雌ずいの形成と胚嚢の発育

雌ずいの子房の中に胚珠（ovule）がある．雌性配偶体である胚嚢は，珠心（nucellus）と珠皮（integument）に包まれて胚珠を構成しており，胚珠は珠柄（funiculus）で胎座（placenta）につながっている．珠皮には花粉管が進入する穴である珠孔（micropyle）がある．

発達過程の初期段階の子房の中で，珠心が形成される．珠心の中で胚嚢母細胞（embryosac mother cell）が形成され，外側に珠皮が発達する（図1.12）．胚嚢母細胞が減数分裂して縦に並んだ4つの細胞となり，そのうちの珠孔側の3つが退化して反対の合点（chalaza）側の1つが大きく成長し，大胞子（megaspore）となる．大胞子の核は3回分裂して8つになり，そのうちの3つが珠孔の側，3つが合点側，残り2つが中央に位置するようになる．珠孔側の3つのうちの1つが卵細胞を，残り2つが助細胞（synergid）をつくる．合点側の3つの核は3つの反足細胞（antipodal）をつくる．中央の2つの核は極核（polar nuclei）と呼ばれ，1つの大きな中央細胞（central cell）の核となる（図1.13）．

以上が大部分の被子植物の胚嚢形成であり，このようなものを一胞子型（monosporic type）という．減数分裂の第一分裂で2つの細胞になった段階で，1つの細胞が退化し，第二分裂で核が2つになってから細胞壁が形成されず，2つの核が2回の分裂で8核になって胚嚢を形成するタマネギなどの二胞子型（bisporic type），および減数分裂でできた4つの核がそのまま分裂して胚嚢を形成するクロユリなどの四胞子型（tetrasporic type）がある．また，胚嚢を構成する核が8つのものばかりではなく，オオマツヨイグサのように4核で反足細胞がないものや，ペペロミアのように16核のものもある．

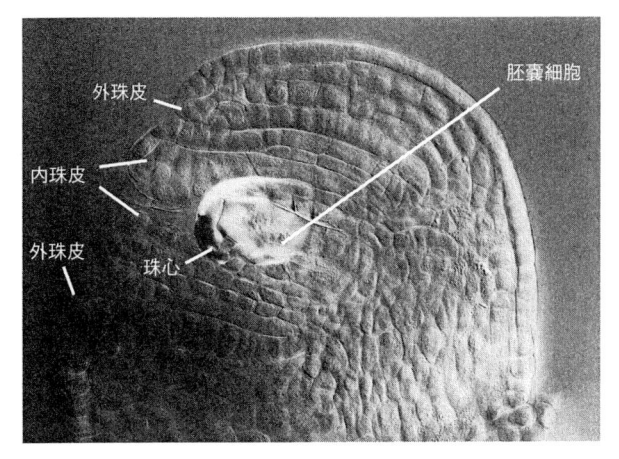

図 1.12 ニラの胚嚢母細胞 [写真提供：小島昭夫氏]

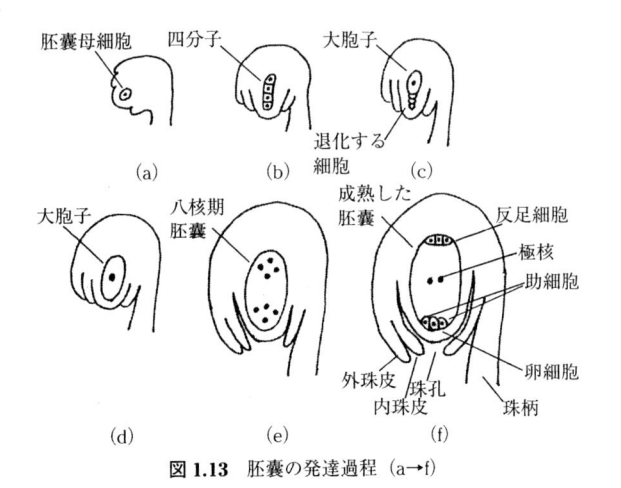

図 1.13 胚嚢の発達過程（a→f）

d. アポミクシス

　胚嚢は受精することによって種子に発達するが，胚嚢形成の異常により，受精しないで種子を形成する植物がある．受精しないで種子を形成することをアポミクシスという．アポミクシスは，配偶体型アポミクシス（gametophytic apomixis）と不定胚生殖（adventitious embryony）に大きく分けられ，配偶体型アポミクシスは複相胞子形成（diplospory）と無胞子生殖（apospory）に分けられる（図1.14）．

```
                    無性生殖
                   /        \
              アポミクシス    栄養繁殖
              /        \
     配偶体型アポミクシス  不定胚生殖
       /        \
   複相胞子形成   無胞子生殖
```

複相胞子形成:
- セイヨウタンポポ
- ニラ
- ウィーピングラブグラス
- エゾノチチコグサ属

無胞子生殖:
- ギニアグラス
- ケンタッキーブルーグラス
- ダリスグラス
- ブッフェルグラス
- チコリー
- ブラックベリー
- フタマタタンポポ属
- ヤナギタンポポ属

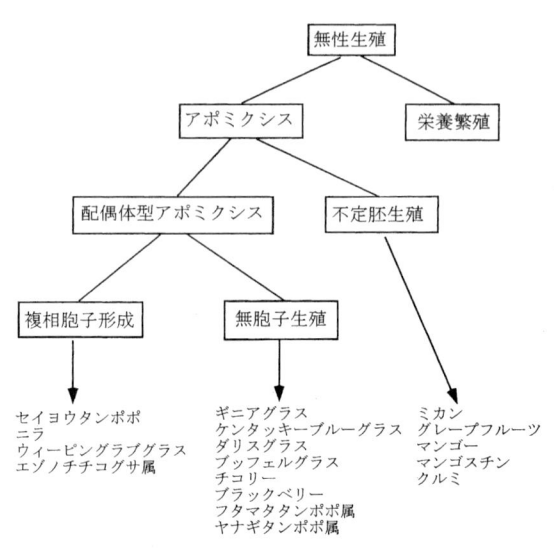

不定胚生殖:
- ミカン
- グレープフルーツ
- マンゴー
- マンゴスチン
- クルミ

図 1.14 アポミクシスの分類

不定胚生殖は，胚嚢の周囲の珠心や珠皮の細胞から不定胚 (adventitious embryo) が形成される現象で，栄養繁殖に近い．不定胚生殖では，胚嚢形成はアポミクシスに関係なく，正常に胚嚢が形成され，受精して有性生殖による種子ができる．正常に発達する種子の周りに不定胚が形成されるので，ほとんどの場合，不定胚生殖は有性生殖による種子形成を伴う．不定胚生殖はカンキツ類の多胚性として知られており，1つの種子に数個の胚が形成される．数個の胚の内の1つが有性生殖による胚であるため，発芽して育った植物体において，受精卵から生じた個体と不定胚から生じた個体を識別するのが困難である．カンキツ類の多胚性には，種や品種による差があり，不定胚生殖を行わない単胚のものもある．

複相胞子形成は，胚嚢母細胞の減数分裂が正常に起こらず，非減数性 ($2n$) の胚嚢が形成され，種子が形成されることである（図 1.15）．減数分裂がまったく起こらず胚嚢母細胞が体細胞分裂して8つの核をつくり，胚嚢を形成するエゾノチチコグサ属の *Antennaria alpinia* のようなものや，減数分裂の第一分裂で染色体対合が正常に起こらず，染色体が両極に分かれず復旧核 (restitution nucleus) を形成して，以後は核分裂して胚嚢を形成するセイヨウタンポポ (*Taraxacum officinale*) のようなものがある．

1.4 生殖細胞の形成

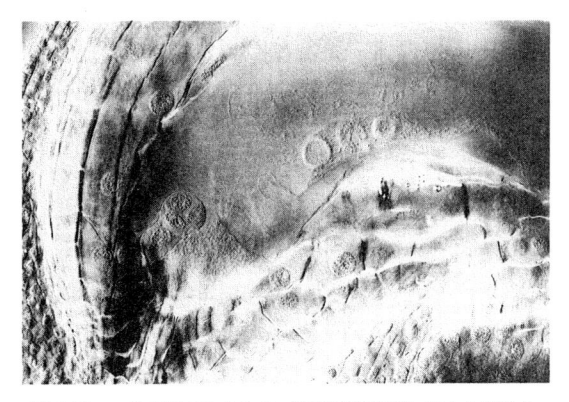

図 1.15 ニラのアポミクシス（複相胞子形成）による胚発生
写真中央より少し左側に発達中の数細胞からなる胚がみられる．無受粉で開花 5 日後．

無胞子生殖は，胚嚢母細胞からではなく珠心や珠皮の細胞から核分裂によって胚嚢が形成されるもので，胚嚢母細胞は退化する．ヤナギタンポポ属（*Hieracium*）やフタマタタンポポ属（*Crepis*）の植物は，3 回の核分裂によって 8 つの $2n$ の核の胚嚢をつくる．キビ属（*Panicum*）では，2 回の核分裂によって 4 核となり，それらが珠孔側に集まり，1 個の卵細胞と 2 個の助細胞と 1 個の極核となって胚嚢を形成する．

以上のように，アポミクシスは減数分裂を経ない胚形成なので，母本と同じ遺伝子型の個体を増殖することになる．遺伝的には栄養繁殖と同じであるが，種子で繁殖することから，増殖率が高く，飛散もしやすく，かつ，種子の状態で乾燥に耐えられる．ただ，アポミクシスを行う植物でも，有性生殖をある比率で行うことがあり，このようなものをアポミクシスのみを行う絶対的アポミクシス（obligate apomixis）に対し，条件的アポミクシス（facultative apomixis）という．

減数分裂した後に正常に胚嚢が形成され，卵細胞が受精することなくそのまま胚になることがあり，これを単為生殖（parthenogenesis）という．この場合，半数体（haploid）が生じることになるが，卵細胞が染色体倍加して受精せずに胚になることもあり，この場合は倍加半数体（doubled haploid）が生じる．単為生殖は通常はほとんど起こらないが，放射線照射した花粉を受粉して半数体や倍加半数体の種子あるいは胚を得る技術が，タマネギやメロンで育種に利用されている．単為生殖をアポミクシスに含める場合もあるが，ここでは含めない．

1.5 受粉と不和合性

a. 受　粉

　多くの被子植物の花粉は，風や虫によって運ばれて，ほかの個体の柱頭に付着する．花粉が柱頭に付着することを受粉（pollination）といい，風によって運ばれて受粉することを風媒（anemophily），虫によって運ばれて受粉することを虫媒（entomophily）という．風媒花（anemophilous flower）と虫媒花（entomophilous flower）がほとんどであるが，水生植物では水で花粉が運ばれる水媒花（hydrophilous flower）もある．

　虫媒花は，ハチやチョウだけでなく，ガ，ハエ，カ，甲虫等の昆虫とともに，鳥やコウモリによって受粉されるものもある．被子植物の花は，昆虫とともに進化して，花の色や香り等それぞれの虫を引き付ける特性をもつ．風媒花は花が目立たず，一般に虫媒花に比べ，多数の花粉を放出する．花粉は粘着性が低い．裸子植物のマツなどの花粉は，空気を含む翼（wing）を2つもち，空気中での落下速度が遅くなって風で運ばれやすい．

　受粉されると，花粉は柱頭から吸水して，花粉が発芽する．花粉には発芽孔（germination pore）があり，そこから花粉管が出る．花粉管は柱頭に侵入し，花柱の中の細胞間隙を伸長して，子房内を通り胚珠に到達する（図1.16）．柱頭は，ユリやナス科植物のように表面に粘液が分泌される植物と，アブラナ科植物のように乾燥しているものがある．花粉管の伸長に伴って，花粉内にあった栄養核と雄原細胞が花粉管の先端に移動し，花粉管にカロース栓（callose plug）という仕切りができ，花粉粒は内容物がなくなる．

b. 不和合性

　花粉と雌ずいが正常で，それぞれ受精能力を有しているにもかかわらず，受粉しても受精が起こらないことを不和合性（incompatibility）という．自家受粉のときに不和合性を示すことを自家不和合性（self‐incompatibility），種間交雑のときに不和合性を示すことを種間不和合性（interspecific incompatibility）という．

1)　自家不和合性

　自家不和合性は，他家受粉では受精できるが自家受粉では受精できない性質

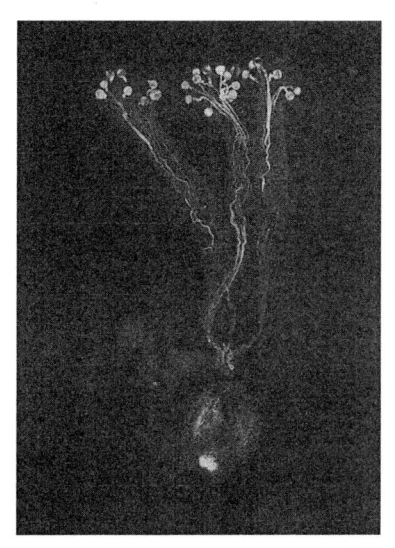

図 1.16 ソバの花柱内における花粉管伸長
［写真提供：松井勝弘氏］

で，多くの被子植物にみられる他殖を促進する機構である．自家受粉されると花粉が柱頭上で発芽できない，花粉管が柱頭組織に侵入できない，あるいは花柱内で花粉管伸長が停止する．自己の花粉と非自己の花粉が混合して受粉されても，自己花粉の花粉管伸長阻害は起こり，非自己の花粉管は正常に伸長する．自家不和合性は，雌ずいの細胞が自己の花粉を識別して，その成長を選択的に阻害する機構といえる．

i) 自家不和合性の種類 自家不和合性には，異形花型（heteromorphic incompatibility）と同形花型（homomorphic incompatibility）がある．サクラソウ属（*Primula*）は1つの集団内に，花柱が長く柱頭が高い位置にあり葯が柱頭より低い位置にある長花柱花（pin）をもつ個体と，花柱が短く柱頭が低い位置にあり葯が柱頭より高い位置にある短花柱花（thrum）をもつ個体がほぼ1：1の比率で存在する．長花柱花の花粉粒より短花柱花の花粉粒の方が大きい．長花柱花と短花柱花の間の相互交配では種子ができるが，自家受粉とともに，長花柱花どうし，および短花柱花どうしの交配では不和合となり種子ができないか，あるいは得られる種子数が少ない．ソバやベニバナアマもサクラソウと同様で，このような自家不和合性を異形花型という（図 1.17（a）(b)）．長花柱花，中花柱

図 1.17 ソバの長花柱花 (a) と短花柱花 (b) およびロングホモスタイル (c) とショートホモスタイル (d)
[写真提供：松井勝弘氏]

花と短花柱花の3種類があり，同形どうしでは不和合となるエゾミソハギのようなものもある．しかし，大多数の自家不和合性の植物は，花の形に差はなく，他個体の花粉では和合となるが自己の花粉では不和合となる同形花型である．

　自家不和合性をもつ植物は完全に他殖性というわけではなく，不和合性の強弱に遺伝的な差があるとともに，高温などの環境条件により不和合性が弱まる．また，老化や栄養不良等で弱っている植物体でも自家不和合性は弱まり，自家受精しやすくなる．自家不和合性の植物は，主として他殖を行うが，環境や生理的条件が不良になると自殖も行うことができる点で，完全な他殖の雌雄異株植物よりは有利であるといえる．

　ii) 自家不和合性の遺伝　　サクラソウやソバの短花柱花の遺伝子型は Ss，長花柱花の遺伝子型は ss である．この S 遺伝子座には，花柱の長さを決める遺伝子，雌ずいの花粉認識特異性を決める遺伝子，花粉の雌ずい認識特異性を決め

1.5 受粉と不和合性

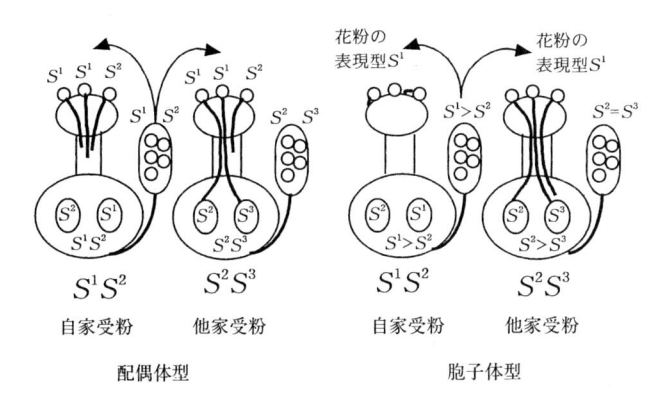

図 1.18 自家不和合性の配偶体型と胞子体型
＞は左の S 遺伝子が優性，＝は左右の S 遺伝子が共優性．

る遺伝子，花粉の大きさを決める遺伝子，葯の位置を決める遺伝子などが密に連鎖して存在すると推定されている．これらの遺伝子の間で組換えが起こることがあり，その結果，花柱も花糸も長いロングホモスタイル（long homostyle）や花柱も花糸も短いショートホモスタイル（short homostyle）が生じる（図 1.17 (c) (d)）．これらのホモスタイルは自家和合性を示す．

同形花型の自家不和合性は S 複対立遺伝子によって認識特異性が決定される．S 遺伝子座の複対立遺伝子の数は種内に多数あり，各対立遺伝子は S^1, S^2, S^3 のように数字で表される．雌ずいと花粉が同じ S^1 遺伝子をもっていると，不和合になって花粉管が伸長できない．同形花型は，S 遺伝子の発現のしかたによって，配偶体型（gametophytic type）と胞子体型（sporophytic type）に区別される．

配偶体型では，花粉の認識特異性は花粉粒がそれぞれもつ S 対立遺伝子によって決定され，雌ずい側では 2 つある S 対立遺伝子が両方働く．すなわち，S^2S^3 の個体の雌ずいに S^1S^2 の個体の花粉が受粉されると，S^1 をもつ花粉は正常に花粉管伸長して受精に至るが，S^2 の花粉は雌ずいに S^2 があるため，花粉管伸長が阻害され，受精できない（図 1.18）．そのため，この交配で得られる子は S^1S^2 の遺伝子型と S^1S^3 の遺伝子型の半々となる．逆交配では S^3 の花粉が受精に至るので，子は $S^1S^3 : S^2S^3 = 1 : 1$ となる．

胞子体型では，花粉の認識特異性は，その花粉をつくった植物体（胞子体）の

```
                        自家不和合性
                       /            \
                   同形花型          異形花型
                 /   |    \         /      \
            一因子型 二因子型 多因子型  二形花型  三形花型
            /    \
         配偶体型  胞子体型
```

配偶体型: ペチュニア属, タバコ属, トマト属, ナス属, トウガラシ属, キンギョソウ, ナシ, リンゴ, オウトウ, シロツメクサ, アカツメクサ, ヒナゲシ

胞子体型: キャベツ, ハクサイ, ダイコン, サツマイモ, コスモス, キク

多因子型: ライムギ, ペレニアルライグラス

二因子型: テンサイ, キンポウゲ属

二形花型: サクラソウ, ソバ, レンギョウ, ベニバナアマ

三形花型: エゾミソハギ, カタバミ類

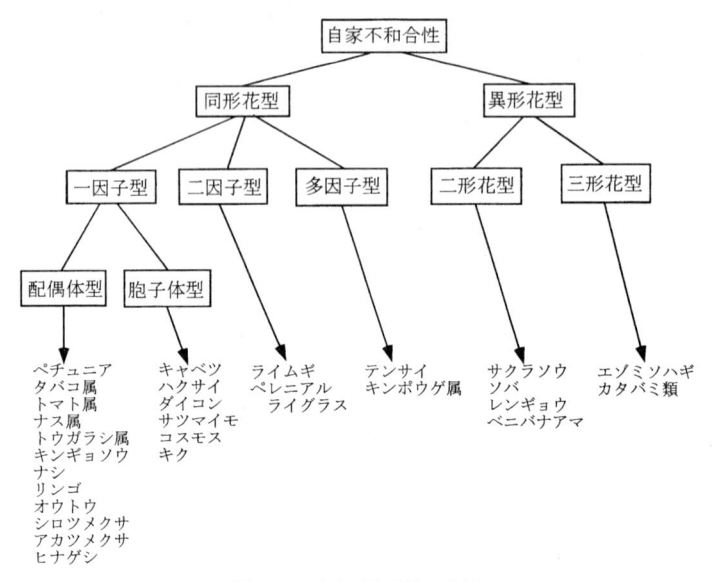

図1.19 自家不和合性の分類

S 遺伝子型によって決まり，S 対立遺伝子の間に優劣関係がある．雌ずい側でも 2 つある S 対立遺伝子の間に優劣関係があり，どちらか一方が優性あるいは両方とも働く共優性となる．複雑なことに，花粉側での優劣関係と雌ずい側での優劣関係が必ずしも一致しない．S^2S^3 の個体の雌ずいに S^1S^2 の個体の花粉が受粉されると，優劣関係によって和合になる場合と不和合になる場合があるが（図1.18），たとえば花粉側で S^1 が S^2 に対して優性でこの交配が和合であったとすると，得られる子は $S^1S^2 : S^1S^3 : S^2S^2 : S^2S^3 = 1 : 1 : 1 : 1$ となる．逆交配も和合であった場合，得られる子の遺伝子型は同様に 4 種類となる．

　自家受粉で花粉管の伸長阻害が起こる位置が植物種により異なる．一般に乾燥した柱頭をもつ植物の自家受粉では，花粉の発芽が起こらない，あるいは花粉管が柱頭組織に侵入できない．粘液を分泌する植物では，花粉管が柱頭組織に侵入し，花柱内で伸長を停止する傾向にある．柱頭上で阻害される植物はアブラナ科，キク科，ヒルガオ科植物のように胞子体型の遺伝様式のものが多く，花柱内で阻害される植物は，ナス科，マメ科，バラ科のように配偶体型のものが多い．しかし，ケシ科やイネ科のように柱頭上での阻害でありながら，配偶体型のものもある．イネ科植物は，配偶体型であるが，S 複対立遺伝子と Z 複対立遺伝子の

両方が一致したときに不和合となる二因子型である（図1.19）．

iii） 自家不和合性の自己認識分子　アブラナ科植物では，自家不和合性の花粉側の自己認識特異性を決める遺伝子と雌ずい側の自己認識特異性を決める遺伝子がわかった．これらはそれぞれ，花粉表面に分泌される小さなタンパク質と柱頭の表層の細胞の細胞膜に局在するレセプターキナーゼ（receptor kinase）の遺伝子で，対立遺伝子ごとに塩基配列が大きく異なる．自家受粉のときに，柱頭側のレセプターキナーゼの細胞外領域に花粉側タンパク質が特異的に結合し，その結合がレセプターキナーゼの細胞内領域をリン酸化することがわかっている．

　アブラナ科植物のS遺伝子座のこれら自己認識に関わる2つの遺伝子とその近傍の遺伝子において，転写の向き，遺伝子間の距離や塩基配列が複対立遺伝子ごとに異なることがわかっている．そのため花粉側の認識遺伝子と雌ずい側の認識遺伝子の間での組換えが起こりにくく，この2つの複対立遺伝子と近傍の遺伝子が組で子孫に伝わると考えられる．このような複対立遺伝子の組をSハプロタイプといい，S複対立遺伝子という用語の代わりに使われるようになった．

　ナス科植物，バラ科植物やゴマノハグサ科植物では，RNA分解酵素が雌ずい側の認識分子であり，アブラナ科とは異なることがわかっている．ケシ科では，また違うタンパク質が雌ずい側の認識分子であることから，アブラナ科，ナス科およびケシ科は，進化の過程でそれぞれ独立して自家不和合性を獲得したと考えられている．最近，バラ科植物とゴマノハグサ科植物で，花粉側認識分子の遺伝子が明らかにされた．

2） 種間不和合性

　遠縁の異なる種の間で交配されると，花粉は発芽しない，花粉管が柱頭組織に侵入できない，あるいは花柱内で花粉管伸長が停止するというように，自家不和合性と同様の作用により受精しない．比較的縁が近いと受精は起こるが，種間不和合性の程度が近縁度を必ずしも反映するものではない．同じ組み合わせでも正逆交雑で花粉管の行動に差が出る場合があり，自家不和合性の種を雌親としたときには種間不和合性が顕著にみられ，自家和合性の種を雌親としたときには不和合性とならないことが多い．これを，一側性不和合性（unilateral incompatibility）という．種間不和合性の認識機構はまったくわかっていない．

　種間不和合性に対し，花粉管の伸長に必要な物質が雌ずいから供給されない，あるいは花粉管が胚珠に誘引されないことが種間交雑の組み合わせによっては起

こるが，このように交雑した2種の関係が不完全なために受精できない現象を不適合性（incongruity）という．シロイヌナズナと近縁種の交雑において，縁が遠い種の花粉管の方が胚珠に誘引されにくいことが示されている．

1.6 受精と胚発生

a. 受 精

子房内を伸長した花粉管は，その先端が胚珠の珠孔から侵入し（図 1.20），2つの助細胞のうちの一方に入る．助細胞内で花粉管が破裂し，2つの精細胞と栄養核が放出される．栄養核と助細胞の核は片隅に追いやられ，一方の精細胞は卵細胞の方へ，他方の精細胞は中央細胞の方へ移動し，核が融合する．卵細胞と精細胞の核の融合で $2n$ となり，これが受精卵で胚に発達する．精細胞の核と2つの極核の融合で生じた $3n$ の細胞は胚乳に発達する．このような受精は被子植物特有で，重複受精（double fertilization）という．

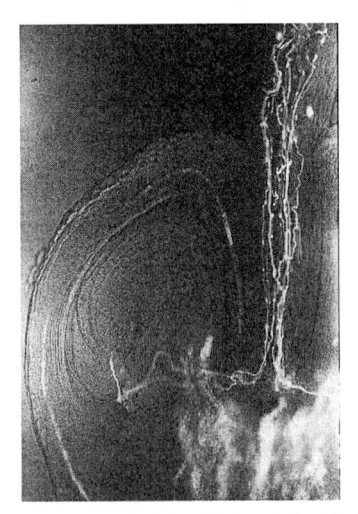

図 1.20　ニラの受精［写真提供：小島昭夫氏］
細長く光っているのが花粉管で，その先端が胚珠に到達しているところ．花粉管の中で強く光っているのがカロース栓．

2つの精細胞のうち，一方が卵細胞と他方が極核と融合するが，その2つを区別するのは難しい．しかし，イソマツ科のセイロンマツリ（*Plumbago zeylanica*）では，2つの精細胞は容易に区別でき，色素体が多くミトコンドリアが少ない方

が卵細胞と融合し，他方が極核と融合することがわかっている．このように，2つの精細胞が花粉管内で機能分化して，卵細胞と極核のどちらに融合するかが受精前に決まっている可能性がある．

　色素体やミトコンドリアの遺伝子は，被子植物では一般に母性遺伝する（2.4節参照）．古くは，精核のみが胚嚢に侵入するためと考えられていたが，精細胞の細胞質には少ないながら色素体とミトコンドリアがある．精細胞の色素体やミトコンドリアは，受精のときに助細胞内に残されて，精核が卵細胞に侵入することが電子顕微鏡による観察で示された．

　裸子植物では，植物種によるが，色素体やミトコンドリアが父性遺伝（paternal inheritance）する．マツ科では，色素体が父性遺伝で，ミトコンドリアが母性遺伝し，スギ科やヒノキ科では，色素体もミトコンドリアも父性遺伝する．マツの一種では，ミトコンドリアは主として母性遺伝するが，8％程度の率で父性遺伝することが報告されている．裸子植物では，花粉が発芽して珠心内で不定形の花粉管を伸ばし，花粉管が破裂して2つの精細胞が卵細胞内に放出され，1つが卵細胞の核と融合し，1つは退化する．色素体とミトコンドリアは，受精直後は母親のものと父親のものが混合した状態であり，細胞分裂の過程でどちらかが残るが，マツでは母方の色素体が変形し細胞質から排除されることが観察されている．裸子植物には胚乳はない．

b. 胚の形成と発達

　受精卵が成長して胚に発達するが，最初の細胞分裂は，珠孔側と合点側を結ぶ軸に沿って縦に起こり，不均等に分裂して，珠孔側の細胞が大きくなる．珠孔側の細胞は胚柄（suspensor）のもととなり，合点側の細胞が胚のもととなる．合点側の細胞が細胞分裂して，未分化の細胞の塊となるが，最初に前表皮（protoderm）の細胞と内側の細胞の分化が起こる．前表皮の細胞は表面に沿って分裂する並層分裂（periclinal division）で増加する（図1.21）．

　双子葉植物では，まず，球状の胚が発達して，それがハート型になり，さらに縦に延びて魚雷型となるが，それぞれの発達段階を球状胚（globular embryo），ハート型胚（heart-shaped embryo），および魚雷型胚（torpedo-shaped embryo）と呼ぶ．魚雷型胚は，さらに伸長して種子の中で折り畳まれる．単子葉植物では，ハート型にはならず，縦に伸長し円柱状になる．細胞分裂は，胚の

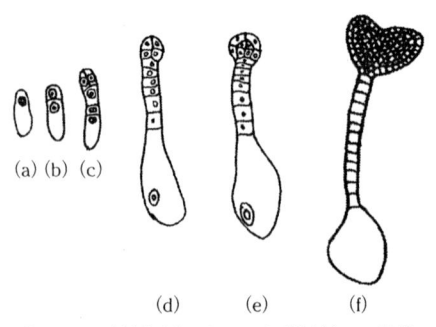

図 1.21 受精卵(a)からハート型胚(f)への発達

発達初期にはすべての部位で起こるが，胚の発達につれて，細胞分裂は芽と根の頂端分裂組織（apical meristem）に限られるようになる．芽の頂端分裂組織は，双子葉植物では2つの子葉の間に形成されるが，単子葉植物では子葉の一方の端に形成され，それが子葉の基部から葉鞘で囲まれるようになる．

胚柄は，胚を珠孔の位置につなぎとめる組織で，被子植物では，栄養やジベレリンなどのホルモンを胚に供給して，胚の初期発生を補助する器官とされる．胚柄は短命で，魚雷型胚の段階で退化する．

重複受精において，2つの極核と精核の合体でできた$3n$の細胞は胚乳に発達する．胚乳は胚に栄養を供給する組織である．胚乳の細胞分裂は受精卵の最初の細胞分裂より先に起こり，多数の細胞になるが，核分裂だけが先行して多数の核ができてから細胞質が分裂する植物と，細胞質分裂（cytokinesis）が核分裂の後にすぐに起こる植物がある．登熟期（ripening period，種子が発達する期間）の胚乳は柔らかく，種子が完熟した段階で硬くなる．登熟の途中で，胚乳が退化してなくなる植物も多い．

異種間の交雑において，同属内の種間のように比較的近縁の組み合わせでは，受精するが胚が発達せず，組み合わせにより種々の発育段階で胚が退化する．胚の退化に先立って，胚乳の崩壊が起こることがわかっており，胚の退化は胚乳の崩壊が原因となっていると考えられている．しかし，遠縁交雑で胚乳が崩壊する原因は不明である．

退化する前の雑種胚をとり出して培養すること（胚培養，embryo culture）により，雑種植物を得ることができる．ただし，球状胚までの初期の胚は培養が困難で，ハート型胚以後になると比較的効率よく植物体が得られる．両親の縁が遠

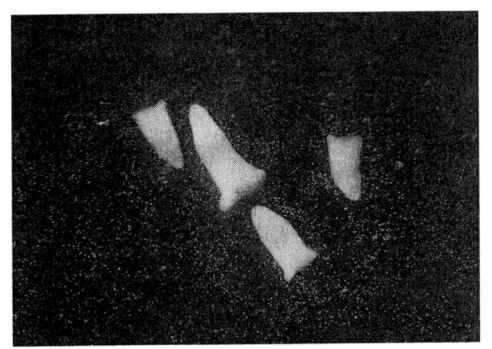

図 1.22 ハクサイの小胞子培養で生じた不定胚

すぎると，球状胚やハート型胚までに発達できないため，胚培養法を使っても雑種個体を得ることが難しい．

c. 不 定 胚

胚は本来，受精卵が発達して種子中に生じるものであるが，それ以外の部位でできる胚を不定胚（adventitious embryo）という．不定胚は，受精による胚とは完全に同じ形態をとるわけではないので胚様体（embryoid）ともいい，多くの場合，体細胞から生じるので体細胞胚（somatic embryo）とも呼ぶ．

正常に生育している植物体で不定胚が形成されることはまれで，前述のカンキツ等のアポミクシスでみられる程度であるが，組織培養や細胞培養によって不定胚を形成する植物は多い．ニンジンの根やナスの胚軸，メロンの子葉等の培養により，不定胚が多数生じる．発達中の葯や小胞子を培養して，小胞子から不定胚を得ることもでき，この場合は体細胞胚ではなく，染色体数は半分である（図 1.22）．

培養による不定胚から生じた植物には，種子中の胚から生じた植物と異なり，変異が生じていることが多い．この変異を通常の突然変異と区別して体細胞変異（somaclonal variation）という．体細胞変異には，染色体倍加等の染色体レベルでの変異や遺伝子レベルでの変異があるとともに，メンデルの遺伝法則どおりに遺伝しない変異もある．

d. 種子の形成

胚の発達過程で，母体となる植物体から胚珠に栄養が供給される．供給された

栄養は，デンプン，脂質，タンパク質として胚の子葉や，胚乳，あるいは周乳（perisperm）に蓄えられ，発芽後の初期生育に必要なエネルギー源となる．周乳は珠心が貯蔵器官として発達したもので，テンサイでは周乳と胚乳の両方に栄養が蓄えられる．イネやカキのように胚乳が貯蔵器官として重要で，発芽時に胚乳が胚に栄養を供給するものがある一方で，ダイズやヒマワリのように，子葉が栄養を蓄えて胚乳が退化する被子植物も多い．裸子植物の種子の胚の周囲には，半数性の配偶体組織が残り，発芽時のエネルギー源となる．種皮（seed coat）は，珠皮が発達したものであるが，胚を外界から保護する重要な組織であり，また，種子の飛散に好都合な形をとるものもある．

種子は効率のよい繁殖手段であるとともに，不良環境下で生存するために有効な形態である．多くの植物種の種子は乾燥条件で生存でき，十分な水分と好適な温度がある条件で発芽するが，熱帯雨林の植物では，乾燥条件では生存できない種子をつけるものもある．種子はさまざまな方法で飛散するが，莢が裂開するときに種子を飛ばす植物種が多い．風や水で種子が運ばれるものや，動物の体に付着して運ばれるものや，果実が動物に食べられて種子が運ばれるものもある．

種子が成熟して飛散した後，発芽に好適な環境条件に置かれてもすぐに発芽しない．これを休眠（dormancy）という．アサガオは水を通さない硬い種皮をもつ硬実種子（hard seed）で，種皮が傷つくか，水中で種皮が柔らかくなると発芽できる．温帯の植物では，休眠が打破されて発芽するのに，冬の低温を必要とするものがある．イネなどでは，籾に発芽阻害物質が含まれ，それが十分な水で洗われることによって発芽する．山火事が起こって，その熱で発芽するようになる植物もある．休眠の期間は種や変種・品種によりさまざまで，遺伝子に支配される．また，種子の熟度や登熟時の環境条件によっても休眠期間が左右される．そのため，1つの個体あるいは集団はさまざまな休眠期間をもつ種子を残すことになり，このことは，変動する環境条件で子孫を残すうえで有効である．

種子の大きさはさまざまであり，シロイヌナズナやランの仲間のように小さなものから，ココヤシのように大きなものまである．小粒種子の方が1個体あたり多数の種子を残せるので，繁殖効率はよいが，発芽後の生存力は低い．大きな種子は，それから育つ植物体の生育が早いので，ほかの植物との競合には有利である．

〔西尾　剛〕

2. 遺伝のしくみ

　メンデル（Mendel）が遺伝の法則を見出した 1860 年代には，子が親に似る傾向があるということ以上には，遺伝のしくみについては知られていなかった．その意義が理解され始めたのは 1900 年にド・フリース（De Vries），コレンス（Correns），チェルマック（Tschermak）の 3 人によって独自にメンデルの法則が異なる生物で再発見されてからのことである．メンデルの時代以前の遺伝学説は融合説（blending theory）と呼ばれ，遺伝物質は液体のようなものであり，一度混合されれば，再び分離できないと考えられていた．メンデルの偉大な貢献は，融合説を粒子説に置き換えたことであり，子に伝わる因子すなわち遺伝子の存在を明らかにしたことである．

　「メンデルの法則に始まる遺伝のしくみは DNA で書かれた遺伝情報の解明により解決できた」と思われがちである．実際には，メンデルの法則にあてはまらない現象が見出されるにしたがい，メンデルの法則が間違っているとされるのではなく，多様な遺伝の要因が実際には存在し，異常な遺伝現象を引き起こし，それらの要因も広義の意味でのメンデルの法則にあてはまることがわかってきた．すなわち，この法則が，遺伝現象だけでなく，生物の形や性質の発現を理解するための普遍的重要性をもつと理解されるようになってきた．本章では，個体の表現が子孫に伝わる現象から遺伝の複雑なしくみがどのように理解できるかを述べる．したがって，分子レベルでの説明は最低限にとどめ，個体の形質変化を遺伝的に解析することが，分子生物学・生化学的手法だけでは困難な生物現象に解明の糸口を与えるということを理解できるように配慮した．遺伝のしくみを平易に説明するため，本章では植物以外の事例もとり入れた．

2.1　メンデルの法則

　メンデルは周到な計画のもとに，実験材料を選んでいる．① 世代を経て安定に伝達する明瞭に区別できる形質をもち，② 栽培が容易で，生育期間が短く，

雑種や子孫が不稔を示さないで種子が大量にとれる，③花の構造上，ほかの花粉が受粉しないで人工交配が困難でない，の3つの理由から実験材料にエンドウマメを選んだ．実験に先立ち，2年間自家受粉して生育させた個体の種子を用いた．この予備調査は，親の形質が安定して子孫に伝わる純系（pure line）であること，および子孫に伝達する形質の発現の範囲（閾値）を確認するために重要である．これらの観察を通じて，種子の形や色，子葉の色，草丈，草型等7つの対立形質に注目して実験を行った．

a. 優劣の法則

メンデルは，交雑後のF_1世代で片一方の親の形質のみが現れることから法則性のあることを見出した．

> 「この実験はエンドウマメの雑種について行った正確な資料である．7つの組み合わせの交雑のそれぞれの場合に，雑種の形質は両親の一方により強く似ており，他方の親の形質がまったく現れないか，あるいは確実に認めることができないことがある．この性質は雑種の子孫を観察するとき，その法則を定め，区分するうえで重要である．この論文において，その後これらの形質が子孫にまったくほとんど変わらず伝えられていくことから，『優性』と名づけ，後者の現れない形質を『劣性』と呼ぶ」．

この法則は，両親の形質が必ず後代で再現されることを意味しており，これにより分離の法則がうまく説明できる．

b. 分離の法則

F_2世代では次のような観察結果すなわち分離の法則について記述している．

> 「この世代で，両親間の形質の差を十分発現し，優性形質とともに劣性形質も再現する．この世代の4個の植物のうち，3個は優性形質を表し，1個は劣性形質を表すというように，平均3：1の割合で明確に現れる．実験でテストしたすべての形質について，例外なくこのように分離した．……（調査したすべての）形質が一定の数の割合で，変化することなく再び現れ，中間の表現はどのような実験においても見出されなかった．……」．

さらに，子孫に伝わる因子の存在を次のように的確に仮定している．

> 「実験1　種子の形──253個体の雑種から，7324個の次代の種子が得ら

れた．そのうち 5474 個はすべすべして丸く，1850 個はしわがあって角張ったものであった．そこから，2.96：1 の割合が導かれた．……ここで，もし 2 つの形質のうちで A が優性形質を示し，a が劣性形質を表すとすれば，その雑種は両方が組み合わされた Aa であり，その形質の発現は，A＋2Aa＋a となり，これは 2 つの分化した形質の雑種の子孫の内訳を示している」．

c. 独立の法則

　前述の観察結果を考慮しながら，2 つの因子の子孫への伝わり方の一般則を次のように導き出している．

　「交配された雑種種子は，片方の親の種子のような丸く黄色のものであった．それから 4 種類の種子が得られ，全部で 556 個の種子が 15 個体の植物から生じた．その内訳は，315 個の黄色で丸い種子，101 個の黄色でしわがある種子，108 個の緑色で丸い種子，32 個の緑色でしわがある種子であった．結果として，もし 2 つの形質が組み合わされる（両性雑種）とすれば，それらの雑種の子孫の発現は AB＋Ab＋aB＋ab＋2ABb＋2aBb＋2AaB＋2Aab＋4AaBb で示される」．

　この発現が，A と a，B と b という 2 種類の形質の発現が独立して組み合わされたもの（独立の法則）であることは明らかである」．

d. 独立遺伝の一般則

　「種子の形と色でみられた独立の法則は，A＋2Aa＋a，B＋2Bb＋b といった組み合わせのすべての形質に適用しうる．……この事実から，この実験に含まれるすべての形質について，雑種の子孫にはいくつかの基本的に異なった形質が組み合わされるという原理を適用できる．同時に，異なる形質のそれぞれの組み合わせは，2 つの両親のもとの組み合わせとは異なり，独立して雑種の子孫に伝えられる」．

　メンデルは草丈の高いものと低いものを相互に交雑して，その結果が両親の性に対して独立であることも確かめている．親個体（二倍体）では AA や aa のように対立形質を規定する因子が対になって存在し，卵細胞と精核（半数体）には対になった片方だけをもち，受精によって再び 1 対の因子が存在すると考えられる．「メンデルの法則」の重要性は，子に伝わる因子（遺伝子）が変化しないで

世代を越えて伝達することを解き明かしたことである．

メンデルは対立形質を支配する因子をアレーレ（allele，現在の対立遺伝子）と呼んだ．ここで用語の定義を整理すると，遺伝子型とはその個体がもつ遺伝子（AA や Aa）のことで，それらの形質はともに丸い種子（表現型）を示す．したがって，遺伝子型には AA や aa で表されるようなホモ接合体（homozygote）と Aa で表されるヘテロ接合体（heterozygote）に区別される．

誤解されやすいことの1つは，メンデルは3：1の分離比から偶然メンデルの法則を思いついたと思われがちなことである．遺伝子型の推定が正しいかどうかは後代の観察や検定交雑と呼ばれる手法で詳細に検討してその法則性を記している点は注目すべきである．すべての個体は両親から変化することなく受け継いだ2つの因子をもっており，子孫へ同じように伝達していくという筋書きでメンデルの法則が形づくられていることが理解できよう．したがって，論文の初めに記された次の文章から彼の確信をみることができる．

　「（遺伝のしくみを知るためには）数多くの実験に普遍性をもち，雑種の子孫がそれぞれの世代にどのような表現をし，その正確な統計的資料を確かめるという手続きが必要であると考えられる．……今回提出した論文は，このように詳細に研究した結果の記録である．この実験は，実際にある小さな植物のグループに限定して行ったものであり，8年にわたる追試の後，ここに主要な点にまとめたものである．このように計画し，実施した実験が期待したような望ましい結果に達したかどうかは，読者の自由な決定に任せる」．

メンデルが遺伝の法則を導き出すためには，色や形などの明瞭に区別できる不連続な形質を用いることは不可欠な着想であったが，実はこのことがメンデルの法則の認知に34年の歳月を要する主因の1つとなる．ダーウィン（Darwin）の進化論は生物学のそれまでの常識を一変することになるが，多くの生物学者の興味は連続的な変異を示す形質であって，適応に関係する多くの形質は単純な伝達を仮定した遺伝のしくみだけでは決して説明できなかったからである．したがって，その後の研究の流れは，① 伝達する因子とは何か，と ② 連続変異を示す遺伝の法則は何か，の2つの方向で進展を続けることになる．

e. 対立遺伝子の命名

遺伝子の記載に混乱のみられる場合は少なくないので，遺伝学的に規定される

2.1 メンデルの法則

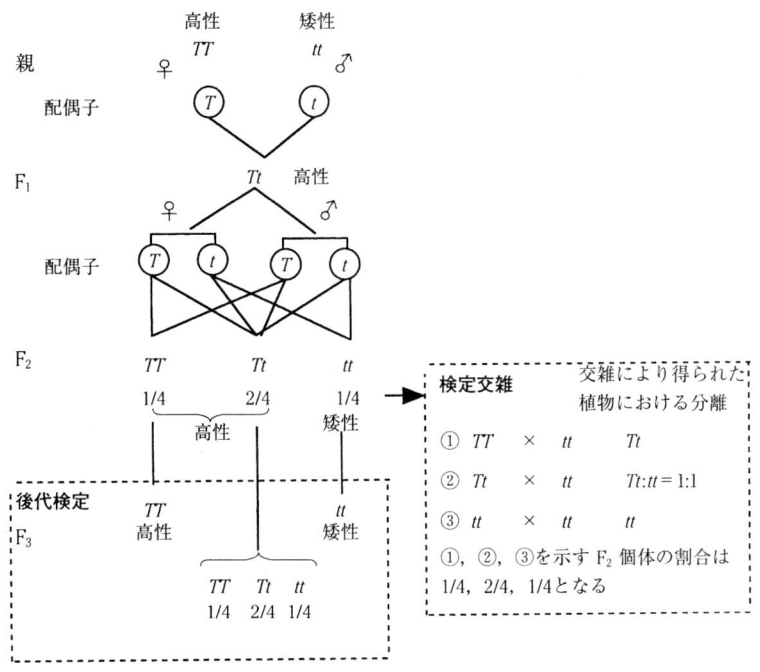

図 2.1 メンデルが行った後代検定と検定交雑
TT, Tt, tt は遺伝子型を表す．

対立遺伝子の命名法について述べておく．標準的な表現型は野生型と呼ばれ，野生型でないものを突然変異体と呼ぶ．その変異体を支配する遺伝子が見出されて，その変異遺伝子が優性であれば大文字のイタリックで，劣性なら小文字のイタリック（斜体）で表す．野生型の対立遺伝子は突然変異体の遺伝子記号の肩文字に＋（イタリックでない）を付して表す．たとえば紫色の花を支配する遺伝子 P（purple）に対して，白色の花を支配する対立遺伝子は P^+ となる．これによって，紫色を決定する遺伝子が優性で，白色を決める遺伝子が劣性であることが記号から判読できる．特定の遺伝子だけをさしていることが明らかなときを除いて，対立遺伝子の優劣関係を大文字と小文字で区別する記載法は避けるべきである（誤解が生じない場合は大文字，小文字で記される場合も多い．本書でも，優劣の対立遺伝子を大文字，小文字で表記する場合が多いが，説明の便宜上のためであることに留意すべきである）．また，人為的に作出した突然変異の場合には，変異体が野生型から生じたことが明らかであるが，自然界に存在する遺伝変異の

場合には，その起源は不明である．

f. 後代検定と検定交雑

遺伝子に関する分離の法則は，その予測が正しいかどうかを詳細に吟味された末に結論づけられている．そのため，後代検定と検定交雑を行っている．図2.1はメンデルの論文の一部に説明を付したものであり，F_3世代の多くの系統の表現型の分離から遺伝子型の分離が予測どおりであることを確認（後代検定）している．さらに，親個体へ交雑（戻し交雑）を行い，配偶子での分離をも検証している．劣性遺伝子をホモ接合体でもつ個体との交雑は，現在でも検定交雑と呼ばれ連鎖の解析などに有効に利用されている．

g. 確率現象としての遺伝

メンデルの法則が容易に理解されなかった理由の1つに，統計的手法，とくに確率事象の理解が一般に受け入れられていなかったことが挙げられる．メンデルが指摘するように，彼の提出した法則は確率事象であることを自覚しており，そのため膨大な結果に基づいて検証している．現在では，メンデルの遺伝の法則にみられる確率的現象は簡単な統計学的手法を利用することによって，実験データから確信をもって説明できる．

いま，1対の対立遺伝子Aとaを考えよう．F_2世代での3：1の分離は，雑種の配偶子が雌・雄ともにAとaを1：1の確率でもつことから起こる．子に伝達される因子（遺伝子）は独立事象であって異なる子への遺伝子の伝わり方に影響を与えない．これは，袋の中に300個の赤玉と100個の白玉が入っている場合に，1つずつ玉をとり出し観察することと同じである（表2.1）．5個とり出したとき，5個すべてが赤玉の確率は，$(3/4)^5$となる．実際には，3/4の確率で赤玉が入っているので，とり出したすべての玉が赤玉となる確率は数が多くなるにつれて減少する．

では，メンデルが観察した1例の787：277が本当に3：1の比を意味しているのであろうか．統計学が遺伝現象の解明に役立つ点は，提唱した仮説を受け入れるか棄却するかを，仮説が正しいというもっともらしさ（確率）から推定できることである．統計学的には，まず最初にどのような歪みが期待できるかを知る必要がある．このためには，標本分布と呼ばれる，種々の可能な事象が1回の実験

表 2.1 丸い種子と角張った種子をもつ個体が 3:1 の比に分離すると仮定したときの標本数 4, 8, 40 に対する標本分布

$n=4$		$n=8$		$n=40$	
丸い種を もつ個体数	確 率	丸い種を もつ個体数	確 率	丸い種を もつ個体数	確 率
4	0.32	8	0.10	40	0.00001
3	0.42	7	0.27	39	0.0001
2	0.21	6	0.31	38	0.0009
1	0.05	5	0.21	—	
0	0.004	4	0.09	30	0.14
		3	0.02	—	
		2	0.004	2	0.00000
		1	0.0004	1	0.00000
		0	0.00002	0	0.00000

確率は $(n!/d!r!)\,0.75\,d \times 0.25\,r$ から計算される．ここで，n は観察した個体数，d は優性性質を示す個体数，r は劣性形質を示す個体数であり，0.75 は優性形質の確率（3/4），0.25 は劣性形質の確率（1/4）を示す．

で起こる確率を求める．3:1 という仮説の場合，もし4個体の子だけを観察したとき，3個体が高い草丈を，1個体が低い草丈を示す確率（P）はいくらだろうか．二項定理の式から

$$P = \frac{4!}{3!\,1!}\left(\frac{3}{4}\right)^3\left(\frac{3}{4}\right)^1 = 0.42$$

となる．このようにして，すべての観察結果の確率が計算できる（表2.1）．表からわかるように，仮定した3:1 に分離する確率はそれ以外の分離比より高いものの，3:1 の比から離れるにしたがって徐々に確率が低くなることがわかる．また，観察数が増すにつれ，3:1 に分離する確率はさらに低くなるものの，確率の分布は滑らかな曲線を描く．ではいったい，3:1 とする仮説は正しいかどうかどのように区別すればよいのだろう．確率の分布曲線は，確率的に起こる事象の期待される頻度分布とみなされるので，たとえば5％の低い確率でしか起こらない結果は図2.2の両端部分の結果とみなされる．ある仮説に対して実験結果がテストされるとき，その仮説を帰無仮説という．すなわち，仮説検定は，観察値と期待値との間に差がないという仮定の検定になる．もし帰無仮説が受け入れられると，実験結果は仮説と合致しているということができるが，決して仮説が証明できたことにはならない点に留意しなければならない．帰無仮説が正しいかどうか知るための1つの手法として，カイ2乗（χ^2）検定がある．この手法で

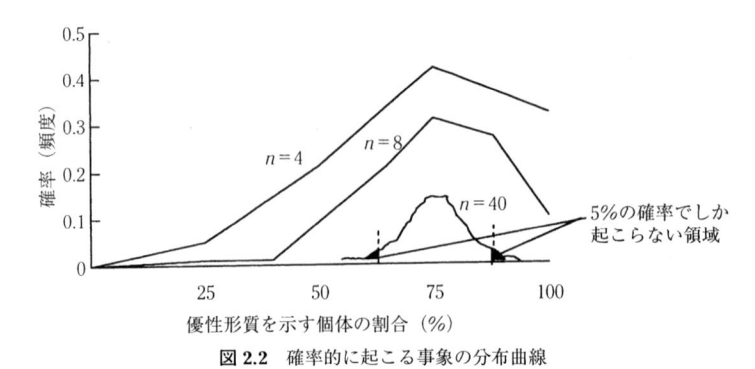

図 2.2　確率的に起こる事象の分布曲線

は，χ^2 の値を

$$\chi^2 = \Sigma \frac{(O-E)^2}{E}$$

によって求める（ただし，O と E は観察数と期待値とする）．χ^2 の値からその結果の確率を知るには，χ^2 の表が準備されている．この表を使うには，自由度と呼ばれる独立なクラスの数が必要である．3：1の分離の場合には，2つの表現型のクラスがあるので自由度は1である．χ^2 の表から自由度1のとき，確率が0.05（または5％）となる値が3.841となることがわかる．このことは，3.841以上の値が95％の受容区間をはずれることを意味し，5％の棄却区間に入るかどうかの判断基準を与える．

2.2　いろいろな遺伝現象

a.　対立遺伝子の類別

キンギョソウで赤色と白色の花をもつ個体間で交雑したとき，その F_1 世代個体はピンク色を示し，これを自家受精させると F_2 世代では，赤：ピンク：白＝1：2：1に分離する．この事例では，ピンクの花が赤と白の色素が混在する中間形質を示すと考えられる．不完全優性，不完全劣性および共優性（codominance）はいずれもヘテロ接合体が両親の中間の表現を表し，対立遺伝子がすべて優性・劣性といった単純な関係にはないことを示す．対立遺伝子間の関係は，ホモ接合体とヘテロ接合体の表現型に基づいて類別される．無定形態（amorph）は，典型的な劣性遺伝子に相当し，優性形質の発現が劣性ホモ接合型でまったくみられないものである．ホモ接合体での発現が部分的または低い場合には，漏出

型あるいは低次形態（hypomorph），過剰になる場合は高次形態（hypermorph）と呼ばれる．発現の程度を高める対立遺伝子とは別に，発現の程度が逆方向に作用する場合はアンチモルフ（antimorph），発現する器官や作用が質的に異なる変化を有する場合はネオモルフ（neomorph）と呼ばれる．新しい形質へと変化するネオモルフは進化的にとくに重要であるが，こうした変化を可能にするには遺伝子重複が大きな役割をもつと考えられている．2つの同じ遺伝子ができた後，その中の片方の遺伝子が機能的制約から逃れて異なる機能をもつ新しい遺伝子へと変化できるからである．

　遺伝子が機能を発揮するには，ゲノム内の多数の遺伝子と協調して働くとともに，その生物種が生存するある範囲の環境下ですべての形質は表現される．このことは，①1つの遺伝子型は，環境変化や遺伝背景で表現が変化すること，②それぞれの遺伝子型には，形質発現の変動幅が規定されており，いわゆる反応規格（reaction norm）をもつ，ことを意味している．同類対立遺伝子（iso–allele）はふつう野生型と区別できない2つの対立遺伝子（A^1, A^2）が，特殊な環境では表現に差が生じたり，別の突然変異遺伝子 a と組み合わせると，a/A^1 と a/A^2 で表現型が異なるときに用いられる．このように，環境の違いやほかの遺伝子の存否などによって隠されていた違いが現れると考えられている．

b. 複対立遺伝子

　二倍体の個体は対立遺伝子を同時に2つしかもてないが，集団の中にはもっと多くの対立遺伝子すなわち複対立遺伝子が存在することがある．1900年にランドスタイナー（Landsteiner）によって発見されたヒトのABO型血液型は，共優性および単純優性の両方のしくみが複対立遺伝子の間にみられることを示している．O遺伝子は劣性で機能的に発現しないのでAOとBOの遺伝子型はAとBの表現型を示す．一方，AとB遺伝子はともに発現するのでABの遺伝子型はABの表現型を示す．植物における共優性の例として，自家不和合性のS遺伝子の分化がよく知られており，多数の複対立遺伝子が集団中に保持され自殖を防いでいる（1章参照）．また，連続的な着色程度を決めている例として，イネの着色遺伝子（アントシアニン合成遺伝子としてのCおよびA遺伝子）での複対立遺伝子の分化が挙げられる．二倍体植物の場合，集団内における遺伝子型の総数は，複対立遺伝子の数が m であるとき，$m(m+1)/2$ となる．たとえば，CとA遺伝

子には，それぞれ10個と5個の複対立遺伝子が知られているが，可能な遺伝子型の総数はそれぞれ $(10 \times 11)/2 = 55$ と $(5 \times 6)/2 = 15$ になり，2遺伝子における遺伝子型の総数は $55 \times 15 = 825$ となる．2つの遺伝子であっても，膨大な数の相互作用の可能性を秘めている．

対立遺伝子間の相互作用の中で，超優性は雑種強勢（ヘテローシス）の要因の1つとして注目されてきた．雑種強勢は生物に広くみられる現象であり，その説明には優性説と超優性説がある．前者は2つの遺伝子型 $\frac{AbCdEF}{AbCdEF}$ と $\frac{aBcDef}{aBcDef}$ の F_1 世代は $\frac{AbCdEF}{aBcDef}$ となり，多くの遺伝子座で優性の表現型が生じるためと考えるのに対し，後者ではA/Aやa/aよりもA/aのヘテロ接合型が両親より超越した性質を示すと考える．どちらが正しいかは，未だ決着していない．

c. 遺伝子座

遺伝子座は染色体上の遺伝子の線状配列の原理から導かれたもので，遺伝子の位置すなわち遺伝子の同一性をも意味する．しかし，厳密な位置を知ることは容易ではなく，劣性突然変異の遺伝子座が同じかどうかは対立性検定（同座性検定ともいう）によって決定される（図2.3）．たとえば，アルビノ（葉緑素欠乏）には多数の突然変異が知られている．似たようなアルビノを示す2つの突然変異が同じ遺伝子であるかどうか知ることは形質の制御機構を知るうえに重要である．もし，同じ遺伝子に突然変異が起こったとき，2つの変異体（ともにaa）の雑種F_1世代の遺伝子型はaaであるのでアルビノとなる．ところが，異なる遺伝子に突然変異が起こったときには，2つの変異体の遺伝子型はaaBBとAAbbとなる．その雑種F_1世代の遺伝子型はAaBbとなり，aとbはともに劣性遺伝子であるの

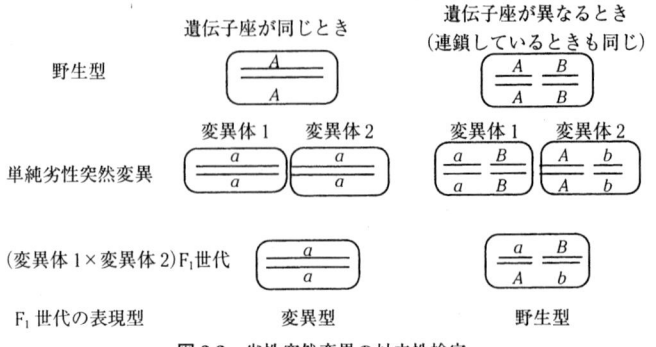

図2.3 劣性突然変異の対立性検定

で，表現型は正常な緑色を呈する．この検定の原理は，DNAとしての遺伝子がメッセンジャーRNA（mRNA）に転写されて発現することを考慮するとうまく説明でき，同座であるときには独立に起こった変異（後述する遺伝子内の異なる位置）であっても生じる雑種では正常なmRNAは形成されないが，異なる遺伝子に突然変異が起こったときには正常なmRNAが形成される．したがって，一般に機能的なmRNAを形成する単位であるシストロンが遺伝子に相当すると考えられている．ここで注意する点は，この検定は異なる染色体上や同じ染色体上の密接に連鎖した遺伝子にも広く利用できるものの，野生型に対して単純劣性遺伝する変異体にのみ適用できることである．

d. 遺伝子間相互作用

メンデルの「両性雑種における独立の法則」では，2対の対立遺伝子がそれぞれ独立に遺伝し，4つの遺伝子型は9：3：3：1の比に分離する．このことは，一方の対立遺伝子が他方の対立形質の発現に対して関連がないことを意味している．2対の対立遺伝子が互いに染色体上で連鎖していなくとも，9：3：3：1の分離比を示さない事例が見出され，非対立遺伝子間の相互作用（エピスタシス）が仮定された（図2.4）．すなわち，基本的な分離比の変化から両遺伝子間の働き合いを遺伝学的に推察できる．エピスタシスの機構は色素形成などの異なる経路を制御する遺伝子間で生化学的に明らかにされた．たとえば，色素形成について2つの遺伝子がF_2世代で9（紫着色）：7（無着色）の分離比を示すとき，色素形成には少なくとも両優性遺伝子を1つずつ必要とするので補足遺伝子と呼ばれる．この分離比から期待できる色素形成過程には，下図(a)(b)の2通りが可能である（X，Yは経路に働く遺伝子を示し，A，Bは産物の変化を意味する）．

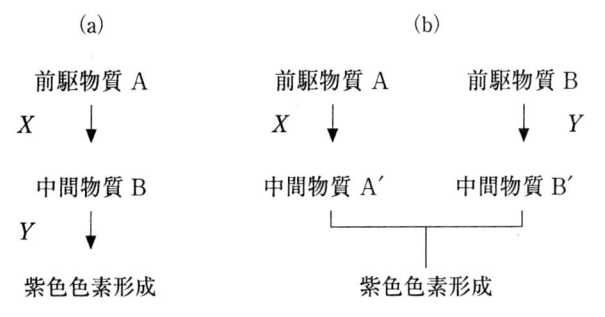

```
          (a)                          (b)
       前駆物質 A              前駆物質 A      前駆物質 B
         X ↓                    X ↓            ↓ Y
       中間物質 B              中間物質 A'     中間物質 B'
         Y ↓                         └────┬────┘
       紫色色素形成                    紫色色素形成
```

実際には，遺伝子の発現は調節因子（転写因子等も含まれる）等により制御され

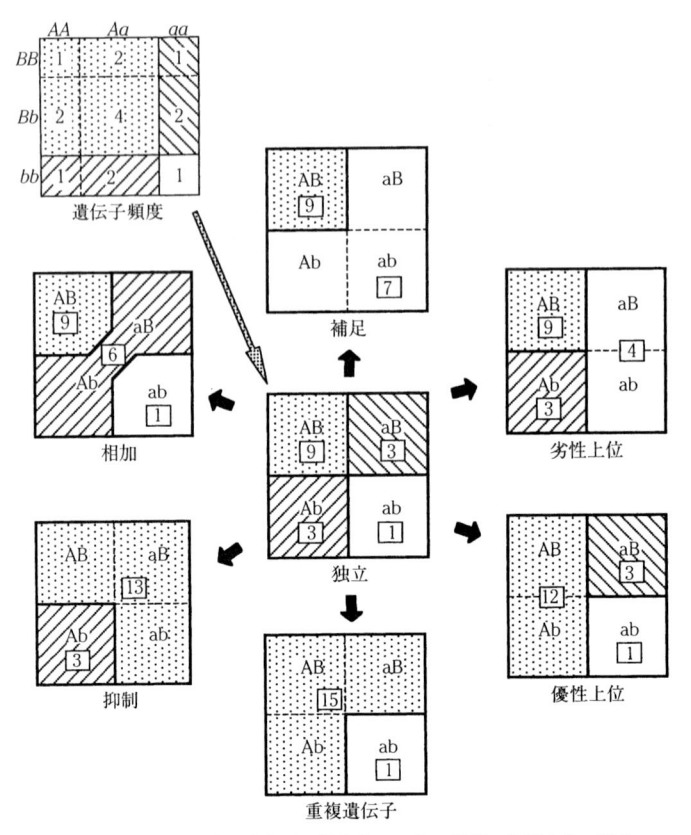

図 2.4 2つの非対立遺伝子の働き合いによる分離の法則からの歪み

ることが多く，補足という語彙には誤解が生じやすく避けるべきである．

　ビードル（Beadle）とテータム（Tatum）は，アカパンカビのナイアシン（ビタミン B_3）生合成において，変異体が中間生成物質の投与によって正常な合成をするかどうかを調査した．この手法で，遺伝子がどの経路に関与するかを決定し，1つの遺伝子が1つの酵素の生産を制御するという「一遺伝子一酵素説」を打ち立てた．ある遺伝子の正常な産物を投与すれば，その合成経路以前に関与する遺伝子に異常があっても正常な合成が行われると考え，遺伝子間相互作用の解析が生合成経路の理解に貢献できることを示した．したがって，遺伝子の欠損（多くの場合劣性変異）はそれ自身が作用する前の生合成経路に関わる遺伝子の変化によって覆い隠されることとなる．このように2つの変異遺伝子を集積した個体の形質変化を調査することによって，複雑な生物現象において正確な代謝経

路や器官の発生機構（細胞分化）などを制御する遺伝子ネットワークを推定するうえで重要な手がかりを与えることになる．

　厳密な意味でのエピスタシスは遺伝的上位性を意味する．すなわち，Aやaが Bやbより上位であるとき（逆にB座はA座に対して下位となる），ABとAbの間，またはaBとabの間では表現型の区別ができなくなってしまう．A座の優性遺伝子がB座の遺伝子に対して上位に働くとき，AはBの作用を被覆して，12：3：1の分離比がみられる．もし，A座の劣性遺伝子がB座の遺伝子に対して上位であるとき，9：3：4の分離比がみられる．劣性上位の場合，BはAがなければ作用効果がないと考えられる．イネ胚乳の wx（もち性）と du（ダル，半透明の胚乳）の2遺伝子が分離する雑種 F_2 世代では，野生型：ダル：もち性が9：3：4に分離するので wx は du に対して遺伝的には上位であると考えられる．$wxwx$ の遺伝子型は du に関係なくもちの胚乳をつくる．このように，劣性上位の wx は下位（ハイポスタシス）の du 遺伝子の発現を覆い隠す．その理由は，du の野生型対立遺伝子（du^+）が wx の転写を制御しており，du は wx^+ 遺伝子の転写量を抑えるが，転写が起こらない wx 遺伝子に対しては何も作用しないからである．このように，遺伝学的な上位性と反応経路から推定される結果とは必ずしも対応しない．

　BがAを抑制するとき，AbだけにAの発現がみられるので，3：13の分離比となる．ここで，劣性遺伝子bがAを抑制する場合は，補足遺伝子として扱われる．また，2つの非対立遺伝子がまったく同じ作用をもつときには，15：1の分離比がみられる．同じ作用を示す複数の遺伝子が存在することは，過去に遺伝子の重複（またはゲノム倍加）が起こった可能性を示唆する．さらに，2つの非対立遺伝子が累積的に発現を高める場合には，9：6：1の分離比がみられる．こうした相加的効果をもつ遺伝子は，その数が増すにつれて連続的な変異を示すことから，次に述べるポリジーンを説明できる遺伝子とも考えられている．

e. 量的遺伝—ポリジーン説

　メンデルの仮定した遺伝因子が一般の形質変異の原因として認識されるまでには多くの論争が起こった．とりわけ，メンデル学派と生物統計学派との間では激しい論争があった．生存に関係する重要な性質の多くが連続的な変異を示す形質であり，こうした量的形質（quantitative trait）はメンデルの法則にしたがわない

と考えられていたからである．マザー（Mather, 1941）がポリジーン説を提唱するに及んで，量的形質も比較的効果の小さい複数の遺伝子により支配され，個々の遺伝子はメンデルの法則にしたがうという考え方が決定的となった．一般に，ポリジーンは，多数の遺伝因子から構成され，個々の因子の効果は環境によって変動しやすく遺伝的な効果を明瞭に区別することが困難になると想定される．実際に動植物の改良は，量的遺伝を示す適応性や収量を対象に進められることが多い．最近のゲノム解析の意義の1つは，今まで統計的にしか解析できなかった量的遺伝子座（quantitative trait locus；QTL）をゲノム全域に網羅した分子マーカーによって容易に解析できるようになったことである．

f. 致死遺伝子と永久雑種

遺伝の法則が見かけ上あてはまらない事例として，致死遺伝子がある．ほかの遺伝子同様に，その効果は発生のある過程や特定の器官で現れ，発育の異常を引き起こして死に至らせるものが致死遺伝子である．その要因には，遺伝子突然変異，染色体異常およびこれらと細胞質との相互作用によって起こる場合が知られている．キンギョソウの葉が黄緑色である変異体を野生型（緑色）の個体と交雑すると，黄緑色と緑色の個体が1：1に分離するが，黄緑色の変異体が自家受精すると緑色と黄緑色の個体が2：1に分離する（表2.2）．この現象は，不完全劣性の y 遺伝子がヘテロ接合体 Yy で黄緑色を示し，ホモ接合体が致死になると考えるとうまく説明できる．こうした致死遺伝子は多くの動植物で報告されており，決してメンデルの遺伝の法則の例外にはならない．遺伝の法則を再発見したド・フリースが観察した変異の多くが実は染色体変異が関係していることが知られている．ツキミソウでみられる永久雑種と呼ばれる現象は致死遺伝子と染色体

表2.2 致死遺伝子による分離の変化

自殖または交雑	分　離		
	黄緑	:	緑
野生型（緑色）の自家受精	0	:	1
黄緑色の変異体の自家受精	1	:	2
黄緑色の変異体×野生型（緑色）	1	:	1

緑色・黄緑色個体の遺伝子型は yy, Yy と推定される．YY は致死となるので黄緑色の変異体の自家受精では 1(yy, 緑色)：2(Yy, 黄緑色)の分離となる．

2.2 いろいろな遺伝現象

配偶体的致死			
胚嚢＼花粉	$+l-b$	$l-a+$
$+l-b$	×	なし	なし
$l-a+$	なし	○	なし

胞子体的致死			
胚嚢＼花粉	$+l-b$	$l-a+$
$+l-b$	×	○
$l-a+$	○	×

図 2.5 平衡致死を説明できる 2 つの致死作用
ヘテロ接合体($+l-b/l-a+$)だけが生存（○で示す）できる場合を示す．
配偶体的致死では，$l-a$ と $l-b$ は半数体の花粉および胚嚢のみで致死を示す．
胞子体的致死では，$l-a/l-a$ と $l-b/l-b$ は受精後二倍体の胚または幼植物で致死を示す．

異常によってもたらされている．自然集団では，平衡致死（balanced lethal）と呼ばれる機構によりヘテロ接合型が高い頻度で出現することがある．図2.5では，単純に2つの劣性致死遺伝子（lethal-a 遺伝子, lethal-b 遺伝子を $l-a$ と $l-b$ で示す）が強く連鎖して平衡致死現象が起こる場合を表してある．致死作用が半数体細胞か二倍体組織のどちらで起こるかによって配偶体的致死あるいは胞子体的致死に区別されるが，どちらの場合も $l-a+/+l-b$ のヘテロ接合体のみが生存できる．この現象は，生物集団中に遺伝的変異を維持する要因として働き，永久雑種（permanent heterozygosity）と呼ばれる．

g. 形質発現の複雑性

突然変異遺伝子によって生じる表現型の変化は，単純にその遺伝子の効果であるとはいえない（図2.6）．発育の進行に伴い，1つの変異遺伝子の効果は次々に別の遺伝子の発現に影響を与え最終的な表現型の変化を誘導すると考えられる．したがって，突然変異体の表現型を比較することが遺伝子による直接的な効果を意味するものではないことをとくに留意しなければならない．

特定の変異遺伝子がいろいろな形質に変化を与える現象は多面作用（pleiotropy）と呼ばれるが，密接に連鎖したほかの遺伝子の効果も含めて，原因を特定することは容易ではない．たとえば，ある一定の温度環境で遺伝子が発現しても，温度が高すぎても低すぎても機能しないことが多い．この現象は，遺伝子がそれぞれの反応規格をもち，遺伝子が発現する作用因の範囲すなわち閾値をもつと考えられ，生物種が異なる環境に適応するために重要な役割を果たしている（図2.7）．すべての遺伝子は環境の変化に伴って遺伝子の発現程度は変化す

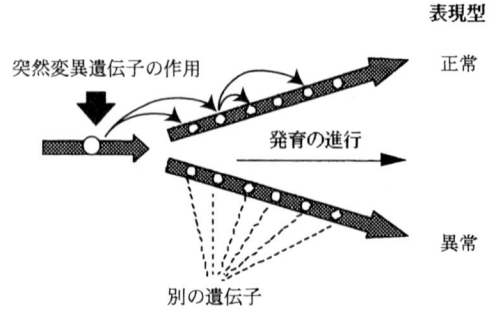

図 2.6 突然変異体と野生型の比較
1つの突然変異は，発育過程でいろいろな遺伝子の発現に影響して最終的な表現がみられることを模式的に示す．

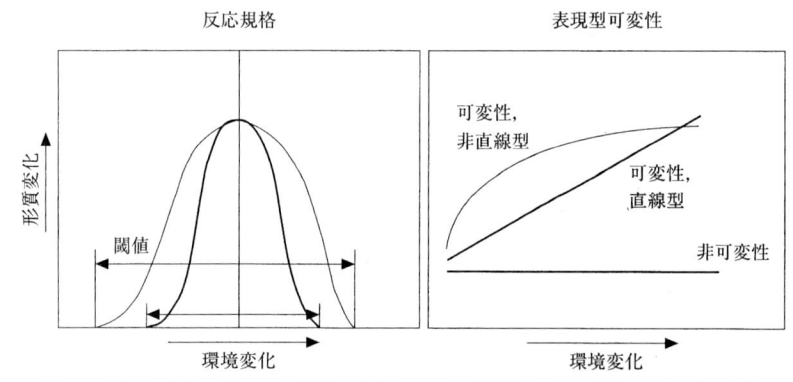

図 2.7 環境の変化に伴って表現型が変化することを説明する反応規格と表現型可変性
反応規格は，個々の遺伝子は環境によって発現変化の程度が異なる現象を説明する．表現型可変性は，多数の遺伝子の発現する個体の表現型が環境によって変動する現象を説明する．

る．植物では，動物と異なり個体の移動が少なく，環境変化に対処する能力の1つとして表現型可変性（phenotypic plasticity）が高いと考えられる．表現型可変性は環境が異なれば植物の形などの形成が大きく変化する現象を意味し，植物の成長が頂端分裂組織から後成的に器官を生じながら進むことに深く関わっている．こうした形質の発育過程での道づけ（canalization）は多数の遺伝子によって制御されていると想像されている．一方，同じ遺伝子をもっていても個体によって形質の変化がみられる場合とみられない場合があり，その程度は浸透度（penetrance）と呼ばれる．ヒトの男性のみで発現する若禿げ遺伝子は代表的事例である．その原因はよくわからない場合が多い．

2.3 性と組換え

a. 染色体説

「遺伝の法則」の再発見後は，親から子へと伝達される仮想的遺伝子が何であるかに関心が移ることになる．20世紀初頭，光学顕微鏡の改良によって細胞核に存在する染色体を観察する技術が開発され，「生殖細胞の形成過程における減数分裂時の染色体の行動によってメンデルの遺伝の原理を説明できる」とする遺伝の染色体説の時代が築かれた．減数分裂での染色体の観察はメンデルの遺伝法則の理解に大きく貢献した．ワルダイエル（Waldeyer, 1888）は，細胞核の中にある「よく染色される」ものを染色体と名づけた．卵細胞や精細胞をつくる配偶子形成の過程で起こる減数分裂において，1対の染色体セットをもつ二倍体の生物（$2n$）では，1つの染色体セット（n）をもつ細胞がつくられる．高等生物では，受精した1個の細胞から生命がはじまり，二倍体と半数体との間の交代から生活環（ライフサイクル）が成り立つ様相は両親から子孫への遺伝子の伝達様式にきわめて類似することが容易に理解できる．したがって，サットン（Sutton, 1903）は「遺伝子は染色体上に位置し，減数分裂の際の染色体の行動はメンデルの遺伝の原理を説明することができる」と考えた．さらに，モーガンがショウジョウバエで染色体全体の遺伝子地図を作成し，染色体説は不動のものとなった．各染色体は多くの遺伝子を含み，同一染色体上の遺伝子は互いに直線的に連鎖し，各生物は染色体数の半数の連鎖群をもつことが明らかにされた．現在では，多くの生物で，塩基配列変異を利用した分子地図が作成されている．

b. 性と組換え機構

多くの生物には性が存在し，両親からの雌雄配偶子が受精して新しい生命が誕生する．生物集団内に存在する多様な遺伝子が有性生殖を通じて組み換えられることが進化の原動力となると考えられている．組換えは集団内に存在する遺伝変異を再編成するだけであるが，膨大な遺伝子型の変異が遺伝子の組み合わせによって創出される．二倍体の場合，変異がn座に存在し，各座あたりr個の対立遺伝子があるとき，遺伝変異の総数は $\{r(r+1)/2\}^n$ となる．たとえば，20座で3つの複対立遺伝子が存在すると可能な遺伝子型の総数は3.65×10^{15}となる．実際には，遺伝子は染色体上に存在し，互いに連鎖する．連鎖は生存に有利に働く遺

伝子群を保護するが，遺伝子の自由な組換えを制限し，遺伝子組み合わせの多様性を狭める．生物は有性生殖と連鎖によって，遺伝子組み合わせによる変異の創出と適応的遺伝子セットの保護という対立する淘汰圧のバランスの上に存在しているといえる．このように，遺伝的組換えの程度は生物種の進化的背景を反映するものと想像される．

c. 伴 性 遺 伝

子への形質の伝わり方が性によって異なる現象（伴性遺伝）も，当初はメンデルの法則があてはまらない事例と考えられた．性染色体の発見とその伝達様式が明らかになり，性染色体上に位置する遺伝子を想定することによって説明される．モーガン（Morgan, 1910）はショウジョウバエで白眼の雄を見出し，雌と雄では子への形質の伝わり方が異なることを発見した．ショウジョウバエはXY型の構成をもち，雌はXXのホモ型で，雄はXYのヘテロ接合型からなり，白眼遺伝子（w）はX染色体に位置する．野生型（赤眼）の雌と白眼の雄を交配するとF_1世代は雄雌ともに野生型となり，F_1世代どうしを交配したF_2世代ではすべての雌は野生型となるが，雄では野生型と白眼が半数ずつ出現する（図2.8）．植物の性染色体にも，1章で述べられたように，いろいろな染色体構成が知られている．性染色体の行動はほかの染色体（常染色体）とは異なっており，雌雄の個体が同数ずつ出現するためのものである．伴性遺伝はメンデルの法則にしたがわ

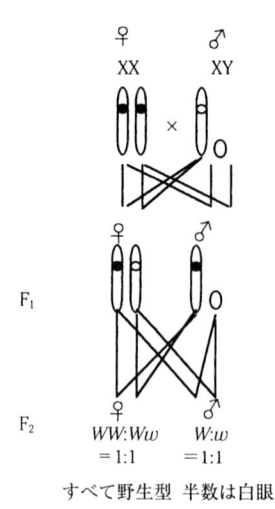

図2.8 ショウジョウバエの白眼遺伝子の伴性遺伝
● は野生型遺伝子（赤眼，W）を示す．○は白眼遺伝子（白眼，W）を示す．

ないが，性染色体の特異な行動によるものであって，遺伝子が染色体に位置することを決定づけるものとなった．

d. 連鎖と組換え

染色体説が正しいならば，染色体の観察から連鎖と組換えが証明できるはずである．クレイトン（Clayton）とマクリントック（McClintoch）は，巧妙に2本の相同染色体を区別して視覚的にそのことを実証した（図2.9）．染色体部分が異常に凝縮して濃く染色されるノブと別の染色体の一部が付加（転座）したために染色体の両端が顕微鏡下で判別できるトウモロコシの系統を見出した．その染色体上には，種子の色を決めるCと胚乳のもち性を決めるwxが座乗している．正常な染色体で$c\,Wx$の系統と異常な染色体で$C\,wx$の系統を交配し，その雑種に正常染色体で$c\,Wx/c\,wx$の遺伝子型の花粉を交配して子孫を得た．その結果，2つの遺伝子間で組換えが起こった場合に予想される8種類の個体がすべて観察された．この2つの遺伝子はともに種子での分離からホモ接合かヘテロ接合かを調査できる利点をもっている．ここで特記すべきことは，遺伝現象を効率よく調査

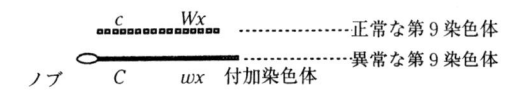

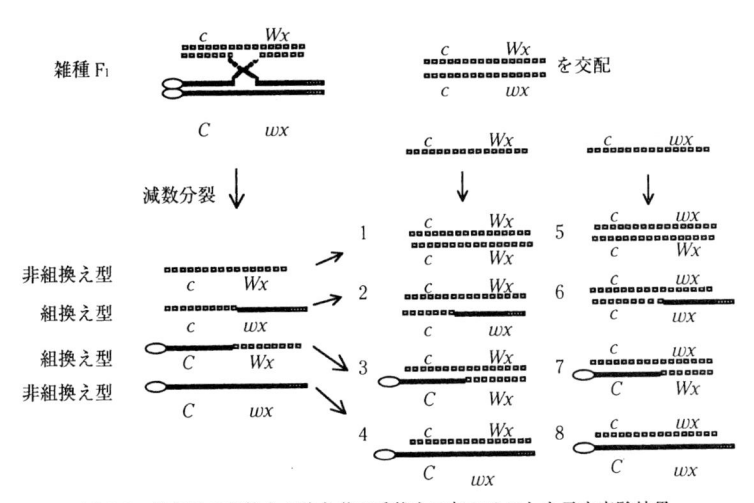

図 2.9　遺伝子の組換えが染色体の乗換えで起こることを示す実験結果

するためにキセニア現象（花粉の遺伝子の影響が受粉後の種子で観察できる現象）を示す遺伝子を用いていることであり，細胞学的な観察を併用して後述する動く遺伝子の発見がなされることになる．この観察結果から，C と wx が座乗する2つの染色体領域でヘテロ接合を示した染色体は，「これらの領域近くの指標となる遺伝子が交換されるときにはこの部分の染色体も同時に交換される」ことを証明している．このように，組換えは配偶体形成時の減数分裂過程における染色体の乗換え（部分交換）の結果であることに確信がもてることとなる．

現在では，相同染色体は，接合糸期に3層構造をもつシナプトネマ構造体を介して対合し，染色体の乗換えはシナプトネマ構造体の中でキアズマを形成する過程で生じることがわかっている（4.2節参照）．組換えは DNA の切断と修復によって起こると考えられているが，実際には多くの酵素やタンパク質が関与する複雑な現象である．

e. 体細胞組換え

組換えは減数分裂時だけでなく，体細胞分裂の過程でもまれに起こる．後で述べる動く遺伝子も体細胞で起こる特殊な組換え現象と考えられる．体細胞での組換えの遺伝的制御についてはよくわかっていないが，減数分裂時の組換えが厳密に遺伝的に制御されているのとは対照的である．体細胞では，減数分裂とは異なり相同染色体は対合しないが，まれに互いに接し，切断とその後の再結合によって組換えが生じると考えられている．この現象は，細胞自律的に発現する遺伝子を用いた調査によって確かめられる．細胞自律的な遺伝子とは，細胞内の遺伝子の変化が直接に細胞の形質を変化させるものを意味する．植物の色素生成やショウジョウバエの剛毛形成では，ヘテロ接合体に体細胞組換えが起こると劣性形質をもつ細胞が出現することから検出できる．1936年，スターン（Stern）はショウジョウバエで連鎖していることがわかっている2つの遺伝子，黄色の体色（y）と短く曲がった剛毛（sn）の両性雑種で，「双子の斑点」が生じることを見出した．この検出には，1つの細胞の遺伝的組成の変化が形質に反映されるような，いわゆる細胞自律的変異遺伝子であることが必須である．y と sn は細胞に存在する遺伝子の働きによりその細胞の色や剛毛に影響を与える．したがって，体細胞組換えを起こした細胞が増殖すると異なった性質を示す細胞群からなる斑点が観察される．

2.3 性と組換え

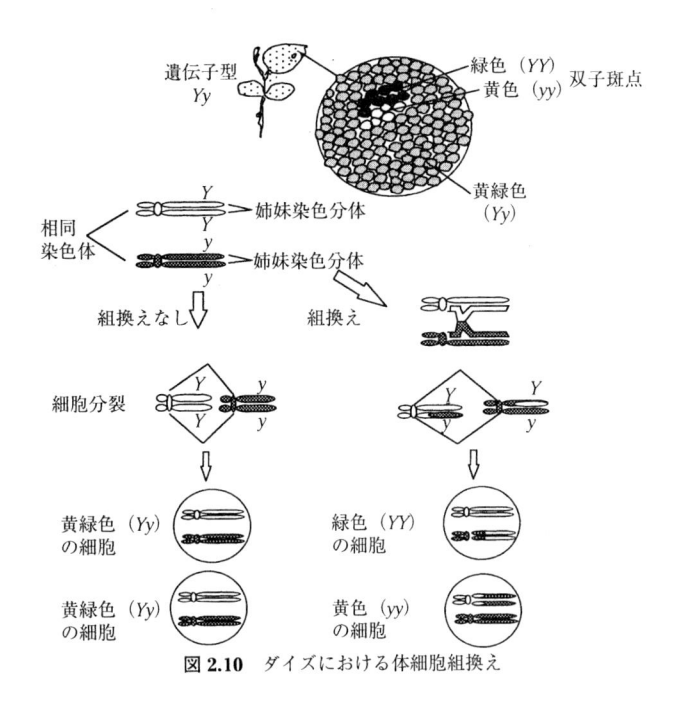

図2.10 ダイズにおける体細胞組換え

体細胞組換えの原理をダイズの子葉を用いた実験で説明したのが図2.10である．葉緑素異常を引き起こす y 遺伝子はホモ接合型で黄色の表現を示すが，ヘテロ接合 (Yy) でも黄緑色を示して野生型 (YY) の緑色と区別できる．ヘテロ接合型の細胞が2種類のホモ接合型細胞と区別できるので，もし YY と yy の細胞の分裂速度に差がない場合，体細胞で組換えが起こると，緑と黄色の「双子の斑点」として多数の細胞の中から効率的に検出される（図2.10）．

細胞自律的変異は細胞系譜の研究にも利用される．たとえば種子に放射線をあて突然変異を誘発すると，ある遺伝子が変異を起こす確率は低く処理された細胞群の中の1つだけが突然変異遺伝子をもつと考えられる．したがって，種子の細胞の中の1つの細胞が変異するのであって，個体すべての細胞が変異を起こすわけではない．変異細胞が細胞自律的に葉緑素異常を示すとき，葉緑素異常を示す領域は1つの変異細胞に由来し，正常と異常な細胞がキメラになって発現する．仮に，1つの細胞だけが将来花序や花器官を形成する能力があるとする．この細胞が変異細胞であるとき，花序の細胞はすべて変異した細胞から成り立っているはずであるが，もし仮に，2つの細胞が花序の形成に関与するとき，花序の細胞

の半分は変異した細胞となる．種子の成長点に含まれる細胞の中で，将来花器官の形成または生殖細胞を形成できる細胞の数は，トウモロコシ，ヒマワリ，シロイヌナズナで 2～4 個しかないことがわかっている．

2.4 細胞質遺伝と母性効果

メンデル遺伝にしたがわない事例として，オシロイバナの葉の斑入りが母性遺伝することがコレンスによって報告された．長年の間，遺伝因子が染色体上に位置しているという染色体説の例外として考えられてきた．自己複製する遺伝因子（DNA）が核外に存在することが証明され，細胞質中の遺伝因子が細胞分裂によって娘細胞に伝達されることが理解された．このことは，なぜ母親の形質だけが子孫に伝達するかを説明していない．ここでは，細胞質因子の遺伝と母体が子に遺伝的影響を与える母性効果について述べる．

a. 細胞質遺伝

細胞質に遺伝情報物質をもつものとしては細胞内小器官（オルガネラ）と病原性または共生粒子が知られている．ミトコンドリアは動植物に広く存在し，高等植物では，動物とは異なりゲノムサイズが 200～2400 kb（kilo base pairs, 1000 塩基対）ときわめて大きく変異に富んでいる．また，多くの高等植物ではミトコンドリアゲノム内に存在する反復配列間で生じる相同組換えなどによって，サイズや構造の異なる複数の分子種を不均一にもつ．植物の正常な発育には，核，葉緑体，ミトコンドリアの情報発現系の協調が不可欠である（5.1 節参照）．

葉緑体は植物に特有な細胞内小器官で，葉緑体の遺伝情報が関与する形質には，葉緑素異常のほかに薬剤（アトラジン）耐性などがある．葉緑体ゲノムの起源については，古い祖先型のラン藻が寄生し，共生したとするラン藻共生寄生説が有力である．多くの植物では細胞質に存在するオルガネラ DNA が花粉を通して子孫へ伝達せず，母親由来のオルガネラ DNA だけが子孫に伝わることで母性遺伝を説明できると理解されてきた．したがって，雑種 F_1 世代や後代の個体はすべて母親と同じ表現型を示す（図 2.11(a)）．

こうした遺伝のしかたが可能となるのは，受粉後花粉管が伸長して胚珠に到達するまでの間にオルガネラ DNA は分解されて精核だけが卵細胞に侵入するからである（図 2.11(b)）．雑種の表現型から，細胞質因子が父親からも伝わること

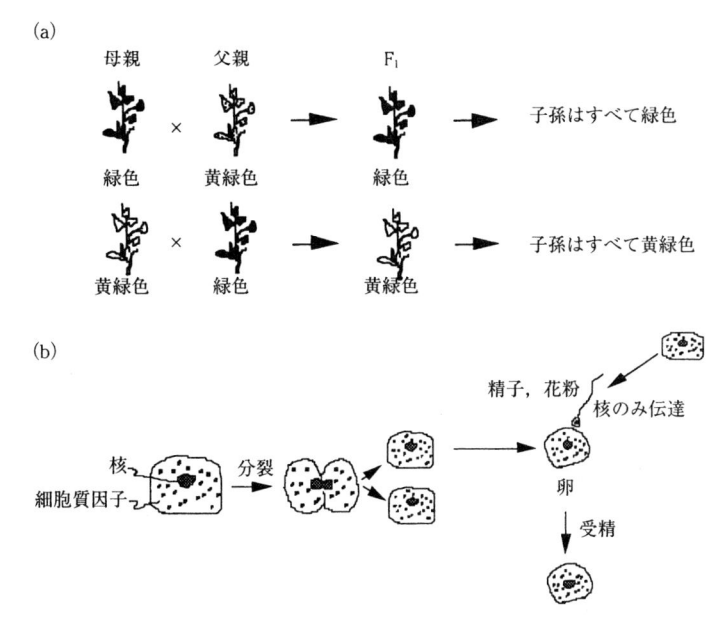

図 2.11 母性遺伝 (a) と細胞分裂過程での細胞質因子の伝達 (b)

が報告されており，両親から細胞質因子が伝達する場合を両性遺伝と呼ぶ．父親だけから伝達する場合も見出されており，父性遺伝と呼ばれる（図 2.12）．最近になり，オルガネラ DNA の多型検出が容易になって，林木やマメ科植物では花粉からもオルガネラ DNA が伝達する事例が相次いで報告されている．こうした現象は，オルガネラ DNA が受精前に選択的に分解されることに起因しておりオルガネラ DNA が分解から免れる機構は性によって異なり厳密な遺伝制御を受けていることを示している．

感染粒子が示す細胞質遺伝としては，ゾウリムシの κ 粒子がよく知られる．「キラー」と名づけられた個体が正常個体と共存すると，キラー個体のみが生き残る．この致死作用はキラー個体の細胞質に存在する κ 粒子によって起こると考えられる．リケッチアやスピロヘータなどが細胞質に感染し，キラー作用を示す事例は昆虫などでも多く報告されている．

b. 母 性 効 果

オルガネラ DNA に基づく母性遺伝のほかにも，母親の形質が強く影響を受け

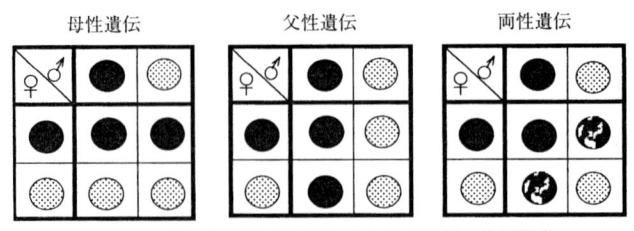

図 2.12 葉緑体の細胞質遺伝にみられる3種の遺伝様式

て子に伝達される現象が知られる．この原因の1つに，母親細胞で生産されたmRNAやタンパク質が卵細胞を通じて受精卵に伝達し，子の形質に影響する場合がある．初期発生異常を起こす劣性変異遺伝子についてさきに述べたが，胞子体的に発現する致死作用には母体の遺伝子発現の変化が受精胚の発生に影響を与える場合もある．母性効果の事例としては，古くはモノアラガイの巻き性にみられる遅滞遺伝やショウジョウバエの初期発生致死性が知られる．最近，ある種のタンパク質が卵や精子に存在し受精後の発生を制御することがわかってきた．これらのことからも，受精現象が単に母親と父親のDNA情報の融合だけで起こるものではなく，複雑な受精システムの上に成り立っていることが理解できる．

2.5 突然変異

　変異がなければ遺伝のしくみは理解されなかっただろう．遺伝のしくみを理解する過程は，「突然変異とは何か」を問い続けることであったと考えられる．自己複製分子はその複製時や，体細胞分裂時や減数分裂時における相同染色体の対合に際して，さまざまな変化を起こす．メンデルの法則の再発見に際して，ド・フリースが観察した突然変異の多くは染色体の構造異常であったと考えられている．マラー（Muller）はX線照射によってはじめて人為的に突然変異を誘発し，突然変異の解析が飛躍的に進展した．個体の変異を引き起こす原因には，種々のレベルでの異常が関与する．染色体異常には，欠失，重複，逆位，転座，倍加，異数性等が含まれるが，形質の発現変化は遺伝子の発現の変化に基づく．タンパク質の構造を決定する遺伝子の突然変異はその原因の一部にすぎない．このことは，遺伝子産物を決める塩基配列が同じでも，その発現は，多くの複雑な過程を経てはじめて発揮されることからも理解できる．今日われわれは，DNAの半保存的複製にも間違いが起こったり，放射線や化学物質がDNAに損傷を与えるこ

とを知っている．しかし，一方で生物は，正確な遺伝情報の伝達を保障するために，DNAの損傷を修復する多様な機構を巧みに獲得してきたと考えられている．その結果，光修復，切り出し修復，複製後修復といった機構の働きから逃れた損傷のみを突然変異として認識できる．

a. 遺伝子の微細構造

遺伝子の塩基配列が不明のときに，遺伝子の微細構造に関する情報は植物では少なかった．もち遺伝子は半数性世代の花粉で発現することから，低頻度で起こる組換え型を多数の花粉から簡単に調査できる．独立に生じた突然変異は遺伝子内の異なる位置に変異が起こったものと考えられるので，異なるもち変異体を交雑してその花粉を調査すると，大半はもち性を示すがまれにうるち性の花粉がみられる．このうるち性の花粉は遺伝子内で起こる組換えの結果と考えられ，組換え頻度 (p) は，うるち性の花粉の頻度を f としたとき，$p = 2f$ となる（図2.13）．通常の連鎖分析と同様に，3つの系統（1, 2, 3）の間で交雑し，組換え頻度を比較して連鎖関係を推定できる．1・2間，2・3間，1・3間の雑種での組換え頻度はそれぞれa, b, cとなり，おおむね $a ≒ b + c$ の関係が成り立つならば，1の変異点-3の変異点-2の変異点の順序で線状に座乗すると決定できる．もち遺伝子座の微細地図はトウモロコシやイネで報告され，もっとも離れた変異遺伝子の調査からもち遺伝子領域は両者ともに組換え価0.1%以内の領域に存在している．

b. 動く遺伝子

前述したように，メンデルは，親から子へ変化しないで遺伝する因子（遺伝

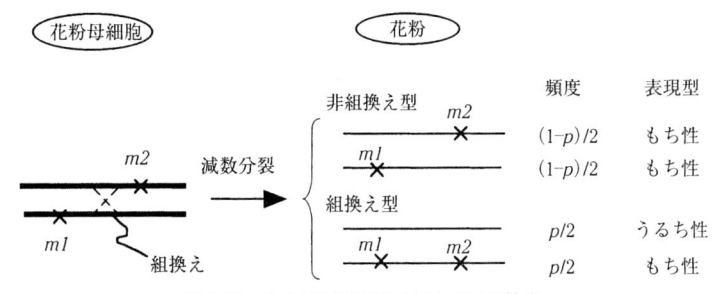

図 2.13 もち遺伝子座内の組換え型の検出
p は組換え頻度，m1, m2 は突然変異の場所を示す．

子）が存在することをはじめて見出し，現在では染色体上に位置する多くの遺伝子の塩基配列の情報が判明している．しかし，メンデルの法則の例外は数多く報告され，エピスタシス，伴性遺伝を含む染色体変異，遺伝子の致死作用，連鎖，細胞質因子等については，メンデルの遺伝法則の認識がさらに深まることになった．しかし，遺伝学研究の流れに埋もれ，遺伝のしくみの本質に関わる重大な見直しが必要な事例もあった．ここでは，動く遺伝子と擬似突然変異について述べるが，これらの発見はいずれもトウモロコシでの古典的な遺伝解析によることは興味深い．動く遺伝子の発見は，突然変異の1つとして理解されてきたが，細胞系譜，体細胞遺伝学，発育遺伝学の幕開けを告げるものでもあった．

　長い間，遺伝子は染色体上の決まった位置に存在し，その位置は染色体構造の変化によってのみ変更されるものと考えられてきた．マクリントックはトウモロコシの着色遺伝子やデンプン合成遺伝子が細胞間での不安定な発現をする現象から，染色体上を移動する動く遺伝子（トランスポゾン）が存在することを見出した．マクリントックが想像した動く遺伝子を図2.14に示している．不安定な発現は種皮や胚乳で観察され，着色した細胞と着色しない細胞が混じった斑入りが調節要素と呼ばれる因子によって制御される．着色していない細胞では調節要素

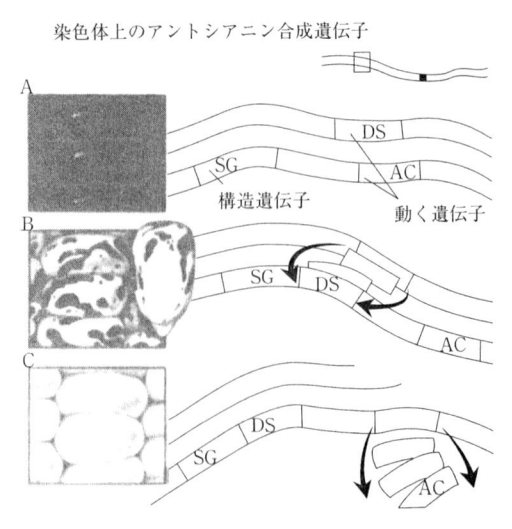

図2.14 マクリントックが想像した動く遺伝子の模式
SGはアントシアニン合成遺伝子，ACは自身で動ける因子，DSはACの作用で動く因子．

の挿入によって着色遺伝子が破壊され，着色した細胞では着色遺伝子から調節要素がほかの場所へ転移したために着色遺伝子の発現が復帰する．斑入り現象を引き起こす調節要素には，自律的な要素（Ac）と非自律的な要素（Ds）が存在し，DsはAcが存在するときのみ斑入りあるいは転移を起こすことができる．したがって，Dsが着色遺伝子を破壊し，Acがない場合には，安定した非着色の胚乳や種皮を示すが，Acをもつ個体との交配後着色遺伝子の発現が部分的に復帰するようになる．自律要素であるAcはその両末端には逆向きの短い塩基からなる反復配列を有している．非自律的要素のDsでは，両末端の反復配列を除いて内部が大きく異なっている．起源の違うDs構造の比較から，Dsの両末端反復配列のみが自律的要素Acによって認識され転移すると考えられる．また，動く遺伝子は自身の転移・挿入だけでなく，転移・挿入された近傍領域の欠失や重複などの構造変化をも引き起こすことができる．動く遺伝子は，微生物や動物で相次いで証明され，突然変異の主因の1つである．現在，多様な転移可能な因子が見出されており，ゲノム進化の主要な変化の1つと想像できる．メンデルが実験に用いたしわのマメをつけるエンドウマメ変異体は，種子に蓄積されるデンプンの枝づくり酵素が機能しないために生じることがわかり，さらにこの機能破壊が800塩基対ほどの動く遺伝子の挿入によっていることが突き止められている．マクリントックは，古典的な遺伝解析と染色体の観察から，実際には光学顕微鏡下ではみることのできない動く遺伝子の存在を確信した．動く遺伝子の存在が広く認知されたのは，電子顕微鏡による因子の有無や分子遺伝的手法によって確認された後のことである．

c. 擬似突然変異

擬似突然変異（paramutation）は，ブリンク（Brink, 1958）によってトウモロコシのr遺伝子ではじめて報告され，その後bとpl遺伝子でも同様の現象が見出された．この3つの遺伝子は，ともにアントシアニン合成に関わる転写制御因子であることが現在ではわかっている．遺伝の法則の中で，分離の法則は対立遺伝子が変わらずに子孫へ伝達するが，ヘテロ接合体になったとき，一方の対立遺伝子が他方の対立遺伝子に変化を引き起こし，その変化が子に伝達する現象が擬似突然変異と呼ばれるものである．この現象の発見のきっかけとなったR遺伝子は，ほかの遺伝子とともに働いて種子（糊粉層）のアントシアニン着色を決

(a) 擬似突然変異

Rの起源	変異前	変異後
胚嚢	RR/r	$R'R'/r$
花粉	rr/R	rr/R'

(b) 擬似変異体の後代（rr/R'で比較）

図 2.15 トウモロコシのR遺伝子にみられる疑似突然変異
R'は疑似突然変異を起こした遺伝子を示す．疑似突然変異を起こさない遺伝子は，一様な着色または非着色を示し，種子あたりの斑点の頻度は不安定性の程度を表すと考えられる．

定し，rはその対立遺伝子でホモ型が無着色となるもので，典型的なメンデル遺伝を示すと考えられていた．ところが，R^{st}と名づけられた遺伝子は斑点状に着色し，RR個体の表現より明らかに弱い着色を示し，いわゆる低次形態変異を示す．奇妙な遺伝は，R/R^{st}ヘテロ接合体の後代で確認され，このヘテロ接合体とrr個体を交雑して得られる種子の中に濃く着色するはずのrrRの表現が見出されなかった．ここで胚乳の遺伝子型をrrRとするのは，胚乳は重複受精によって母親由来の2核と父親由来の1核が融合した三倍体組織であることを意味している．R^{st}遺伝子とその対立遺伝子Rがヘテロ接合体になったとき，R自体が変異して後代に伝達される．R^{st}は擬似変異原性を，Rは擬似変異性があると考える（図 2.15）．擬似突然変異した遺伝子は，もとの遺伝子（R）と区別するためR'と名づけられる．変異したR'は花粉を通じて子に伝達されるが，着色の程度は変化し，濃く着色するもとの安定したR遺伝子に復帰するものなどが出現する．

d. ゲノムインプリンティング

遺伝子が染色体上に存在しても，必ず機能するとは限らない．発生の過程で発現が変化する遺伝子は，エピアレーレと呼ばれる．エピアレーレは，生物の構造や機能が新しく形成しながら発生を進める後成（epigenesis）の概念から来るも

2.5 突然変異

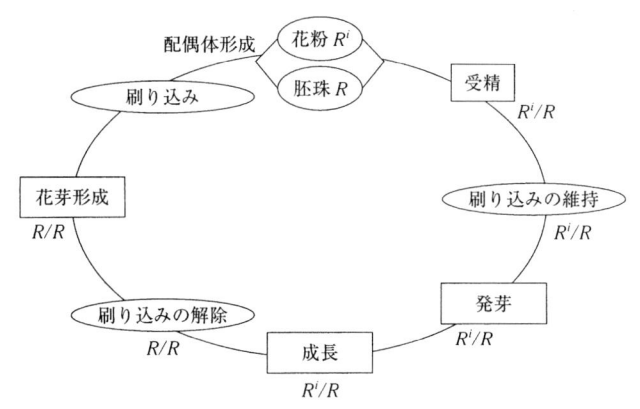

図 2.16 ゲノムインプリンティングと生活環
花粉で刷り込みが起こる場合．R' は刷り込みを受けた遺伝子を，R は刷り込みを受けていない遺伝子を示す．

ので，発生の開始時にすべての器官などが形成されており，その後は伸展したり成長するだけという前成の概念とは異なる．さらに，発生の過程で変化した遺伝子は，変化したまま子孫に伝達されることが大きな特徴であり，半永久的に安定して伝達される遺伝子とは対照的である．さきに述べたトウモロコシの擬似突然変異を起こす R' 遺伝子は，父親（花粉）から伝わるか母親（胚嚢）から伝わるかによって着色程度が異なる．図 2.15 の $R'R'/r$ と rr/R' での着色の違いが，優性遺伝子の数の違い（量的効果）によるものではなく，遺伝子が由来した親の性に依存する．この現象は，ゲノムインプリンティング（親の刷り込み，parental imprinting）と呼ばれる．ある遺伝子に関して親の刷り込みがみられるには，刷り込み，刷り込みの維持，刷り込みの解除といった一連の変化がライフサイクルの中で生じることが必要と考えられる（図 2.16）．こうした現象は，哺乳動物を含め多くの事例が報告されており，決して例外的な遺伝のしくみではないと考えられるようになってきた．むしろ，細胞の機能的分化を伴う正常な発生過程で重要な遺伝子発現の制御機構であるといえる．

　発育過程で遺伝子が不活化される有名な事例は，ライオン仮説と呼ばれる性染色体の不活化現象である．雌のネズミでは 2 本の X 染色体をもつが，雄では 1 本の X 染色体しかもっていない．それゆえ，遺伝子の数が違うにもかかわらず雌雄個体が正常に発育するためには量的な補正を行う機構が必要である．ライオン（Lyon）は発生初期の細胞で雌がもつ 2 本の X 染色体の 1 本がランダムに凝

縮して不活化（ヘテロクロマチン化）すると考えた．長年，こうした染色体の不活化現象は性染色体に特異な現象と思われてきた．不活化の制御機構が明らかになるにつれて，性染色体以外の多くの領域でも染色体凝縮すなわちヘテロクロマチン化が起こると考えられている．分裂中期の染色体では，クロマチンが凝縮したヘテロクロマチンと分散した真正クロマチンに区別され，多くの遺伝子は真正クロマチンに遍在している．遺伝子の発現は，mRNAの転写により開始されるが，それに先立ってクロマチン高次構造が解離してDNA鎖に転写制御因子が結合することが必須である．このように，遺伝子の不活化は，クロマチンの超らせん構造の変化とも深く関わっており，再び「突然変異とは何か」という新しい疑問を投げかけている．

　なぜメンデルの法則が遺伝の基礎であり続けたのか．遺伝子の実体が塩基配列情報であるとする時代は終わり，遺伝子の配列がわかっても遺伝現象の把握にはほど遠いことを知らされるポストゲノムの時代に突入した．また，塩基配列が同じでも遺伝する形質の違いがみられ，「遺伝因子」の本体が塩基配列の1次構造だけではなく，形質となって現れる過程に生じる変異の全体像についてさらなる謎が残っている．本章に述べてきたように，メンデルの法則が生物に普遍的な遺伝のしくみであるとともに，メンデルの法則を変更する多様なしくみが存在する．生物が存続して生きる機構として，遺伝のしくみが形成されたのは明らかであるが，メンデルの法則がどのような遺伝的制御によって構築されているかについて未だわれわれはほとんど理解していないように思えてくる．　　〔佐野芳雄〕

3. 遺伝子の分子的基礎

3.1 遺伝子の構造

a. 核酸の化学構造

遺伝子の化学的本体は核酸であり，ヌクレオチド（nucleotide）が重合してできたポリヌクレオチド（polynucleotide）鎖として存在する．ヌクレオチドは塩基，五炭糖，リン酸の3成分からなる．五炭糖がデオキシリボースかリボースかによって，それぞれ DNA と RNA に区別される．DNA の構成塩基はアデニン（A），グアニン（G），シトシン（C），チミン（T）の4種である．RNA も 4 種の塩基からなるが，チミンの代わりにウラシル（U）を含む．アデニン，グアニンをプリン塩基，シトシン，チミン，ウラシルをピリミジン塩基という．

図 3.1 に DNA の基本構造を示す．五炭糖を構成する 5 つの炭素原子には 1′〜5′ の番号がつけられている．ポリヌクレオチド鎖は，隣り合うヌクレオチドどうしが五炭糖の 5′ 炭素についたリン酸基と 3′ 炭素についた水酸基との間のリン酸ジエステル結合（phosphodiester bond）を介して連結した重合体である．ポリヌクレオチド鎖の一方の端の 5′ 炭素には遊離のリン酸基がついている．これを 5′ 末端と呼ぶ．もう一方の端（3′ 末端と呼ぶ）に関しては，3′ 炭素についた水酸基が遊離の状態で，リン酸基は結合していない．ポリヌクレオチド鎖の化学構造上の向きは 5′→3′ または 3′→5′ と表すことができる．

b. DNA の二重らせん構造

細胞に含まれる DNA はふつう二重らせんを形成している（図 3.1）．二重らせんを構成する 2 本のポリヌクレオチド鎖は 5′→3′ の向きが互いに逆になる．規則的ならせん配置の中で対合できる塩基の組み合わせ（塩基対，base pair）はアデニンとチミン（AT 対），グアニンとシトシン（GC 対）の 2 種類に限られる．相補的な塩基間の対合は水素結合（水素結合（hydrogen bond）の数は AT 対で 2

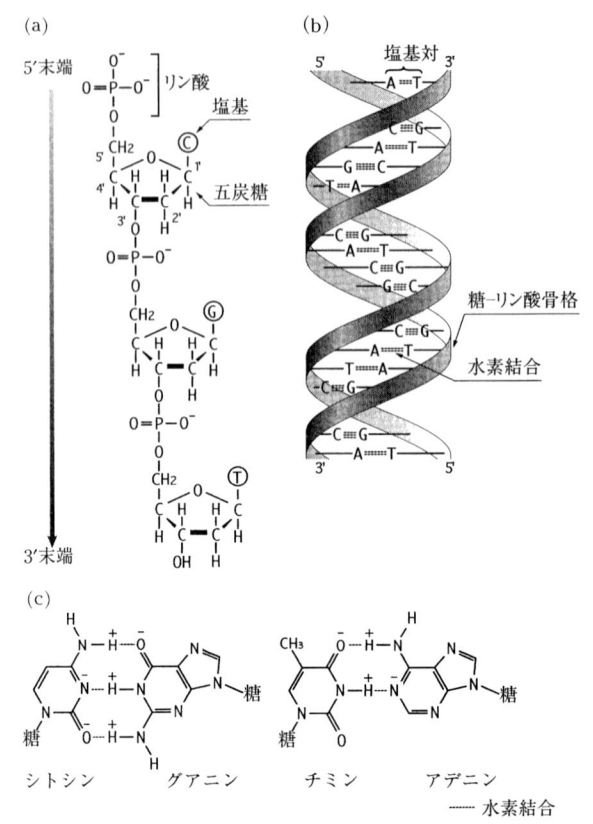

図 3.1 DNA の構造 [Brown (2000) より一部改変して引用]
(a) ポリヌクレオチドの化学構造, (b) 二重らせん構造, (c) シトシン (C) とグアニン (G), チミン (T) とアデニン (A) の間に形成される塩基対.

個, GC 対では 3 個) に基づいている.

c. DNA 複製

二重らせん構造モデルは, DNA 複製 (DNA replication) のしくみを解明する糸口を与えた. 複製の過程で, 相補塩基対間の水素結合が解けて二本鎖分子が一本鎖化し, 次にそれぞれの鎖を鋳型に使った DNA 鎖の合成が起こるとするならば, 1 個の親 DNA 分子から塩基配列のまったく等しい 2 個の娘 DNA 分子がつくられることになる. 娘 DNA 分子はいずれも新旧 1 本ずつの DNA 鎖からなるの

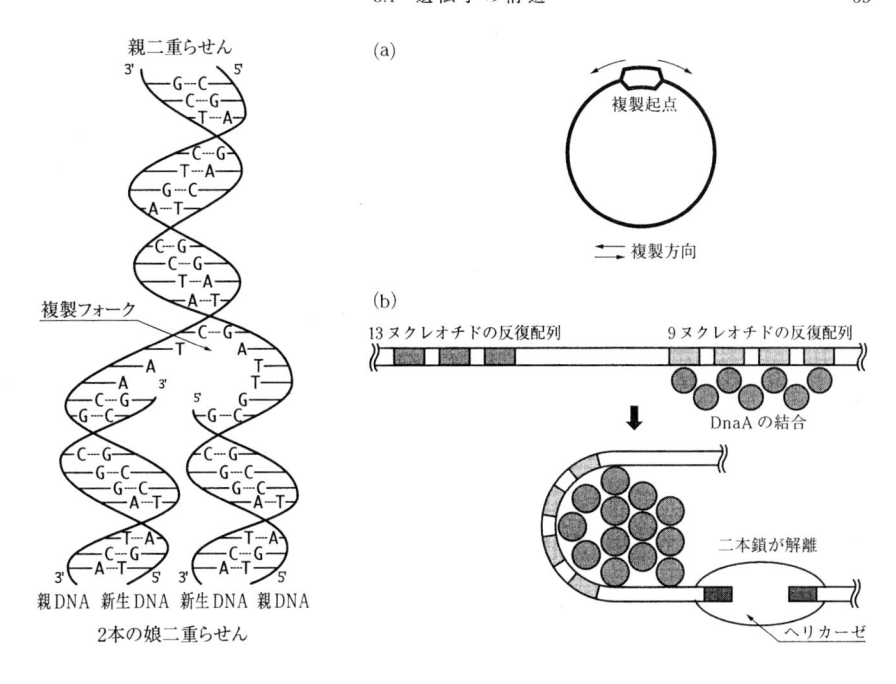

図 3.2 DNA の半保存的複製の
モデル［Brown（2000）
より一部改変して引用］

図 3.3 大腸菌の DNA 複製［駒野・酒井（1999）より一部改変
して引用］
(a) 環状二本鎖 DNA の複製，(b) 複製開始領域の構造．

で，この複製様式を**半保存的複製**（semiconservative replication）という（図3.2）．

1） 複製の開始

複製はでたらめに始まる過程ではなく，**複製起点**（replication origin）と呼ばれる特定の領域がその開始点となる．まず 2 つの Y 字型の**複製フォーク**（replication fork）が現れ，複製反応が DNA 上を 2 方向に進んでゆく（図 3.3）．細菌ゲノムは複製起点を 1 個しかもたないが，真核生物では複製起点が複数存在する．たとえば酵母ゲノムの複製起点は約 300 か所にものぼる．

大腸菌ゲノムの複製起点は oriC と呼ばれる．oriC 領域には 9 ヌクレオチドの繰り返しでできた短い反復配列が含まれており，この反復配列に複製開始タンパク質 DnaA が結合する．oriC と DnaA との複合体が形成されると，oriC 領域の決まった位置から二重らせんがほどける．らせんが開いて解離した一本鎖部分には

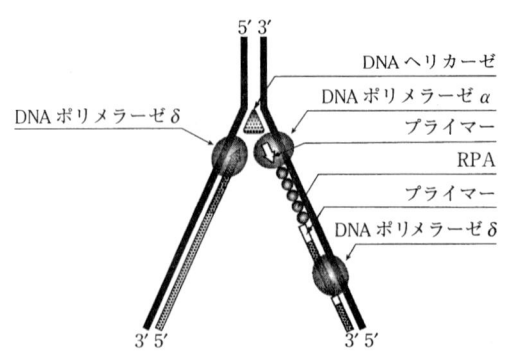

図3.4 DNA鎖の不連続合成と複製開始のしくみ
[赤坂（2002）より引用]

塩基対を解く酵素，ヘリカーゼ（helicase）が結合し，一本鎖部分を拡張してゆく．

 2) **DNA ポリメラーゼ**

DNA合成に中心的な役割を演ずるのはDNAポリメラーゼ（DNA polymerase）である．この酵素は4種のデオキシリボヌクレオシド5′-三リン酸を基質に使い，鋳型（template）DNAの塩基配列にしたがって相補DNA鎖を重合してゆく．大腸菌では3種，真核生物では5種のDNAポリメラーゼが知られている．酵素の種類によって働きがそれぞれ異なっており，真核生物のDNA複製を担う主要酵素はDNAポリメラーゼδである（図3.4）．

 3) **新生DNA鎖の伸長**

DNAポリメラーゼは新しいDNA鎖を5′→3′方向にしか合成できない．ところが，親DNAを構成する2本の鎖は互いに逆向きに配列しているので，その上を複製フォークが移動してゆく場合，一方の鎖（リーディング鎖，leading strand）の合成は5′→3′方向に進み不都合は生じないが，他方の鎖（ラギング鎖，lagging strand）の複製は図3.4のように不連続な反応とならざるを得ない．ラギング鎖に沿って5′→3′方向に合成される短いDNA断片は，発見者にちなんで岡崎フラグメント（Okazaki fragment）と呼ばれる．岡崎フラグメントはDNA連結酵素（DNAリガーゼ，DNA ligase）の働きでつながれて，ラギング鎖の不連続複製が進行してゆく．

複製のしくみを複雑にしているもう1つの問題点は，DNAポリメラーゼがプ

ライマー（primer，一本鎖 DNA と塩基対を形成し，DNA 合成の開始点となる短いヌクレオチド鎖）なしには新しいポリヌクレオチド鎖の合成を開始できないことである．しかし，この疑問は合成直後の DNA の 5′ 末端に，短い RNA 鎖がついていることが大腸菌で見出され解決した．

リーディング鎖とラギング鎖の如何を問わず，DNA の複製は鋳型 DNA に相補的な RNA 断片の合成によって始まる．その RNA をプライマーにして，DNA ポリメラーゼが新生鎖を伸ばしてゆくが，このときプライマーをつくるのは後述の転写酵素とは無関係の RNA ポリメラーゼ（プライマーゼ（primase）という）である．またプライマー RNA は，5′→3′ エキソヌクレアーゼ活性も示す DNA ポリメラーゼによって分解される．

DNA 複製の全体的なしくみは真核生物と細菌の間でよく似通っているが，細部には違いもみられる．真核生物のプライマー RNA が，プライマーゼ活性をもつ DNA ポリメラーゼ α によって合成されるのもその一例である．DNA ポリメラーゼ α はプライマー RNA を合成し，さらに 30 ヌクレオチドほどの DNA を付加した後，DNA ポリメラーゼ δ に複製反応を引き継ぐ．

d. DNA 修復

DNA は絶えず損傷を受けており，損傷を修復できなければ生物は細胞機能を維持することが難しい．修復のしくみは多岐にわたるが，ここでは塩基除去修復と不適正塩基対修復について紹介する．

1) 塩基除去修復（base excision repair）

塩基が損傷を受けたときは，DNA グリコシダーゼが働いて，損傷塩基と五炭糖をつなぐ β-N-グリコシド結合がまず切断される．塩基のはずれた部位（AP 部位という）を AP エンドヌクレアーゼとホスホジエステラーゼが除去し，生じたギャップを DNA ポリメラーゼが埋める（図 3.5）．

2) 不適正塩基対修復（mismatch repair）

複製の過程で，新生鎖（娘鎖）に鋳型鎖の塩基と対をなさないヌクレオチドが誤ってとり込まれることがある．大腸菌では，その修復は MutS と名づけられたタンパク質が不適正塩基対をみつけて結合することから始まる（図 3.6）．では，修復されるべき娘鎖と親鎖（鋳型鎖）はどのようにして区別されるのか．好都合なことに親鎖では 5′-GATC-3′ という 4 塩基配列があるとその中のアデニンに

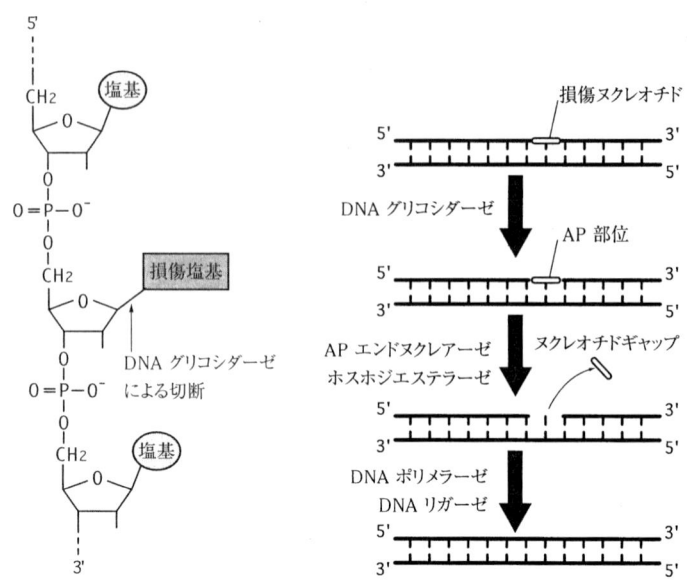

図 3.5 塩基除去修復 [赤坂（2002）より一部改変して引用]

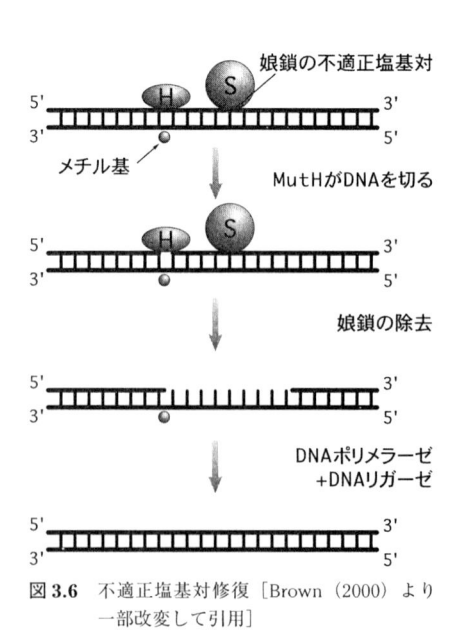

図 3.6 不適正塩基対修復 [Brown（2000）より一部改変して引用]

はメチル基がついてメチル化されているのに対して，複製直後の娘鎖ではメチル化がまだほとんど起こっていない．不適正塩基対部位の近くにある，非メチル化状態の 5′-GATC-3′ 配列には別の酵素 MutH が結合する．この酵素の働きで，間違うことなく娘鎖が切断され，誤ってとり込まれたヌクレオチドを含む娘鎖部分が除かれる．こうしてできたギャップは DNA ポリメラーゼ I と DNA リガーゼによって埋められ，正しい DNA 配列との置き換えが完了する．

3.2 遺伝子の発現

細胞内では，DNA に書き込まれた遺伝情報をもとに機能分子である RNA やタンパク質がつくられる．このとき，転写で始まる一連の生化学的反応が引き起こされるが，その過程を遺伝子発現という．

a. 転　　写
1) RNA ポリメラーゼ

DNA の塩基配列を手本にしてリボヌクレオチドが重合し，RNA がつくられる過程を転写（transcription）と呼ぶ．転写によってできる主要な RNA としては，タンパク質のアミノ酸配列情報をコードするメッセンジャー RNA（mRNA），RNA 分子のまま細胞内で機能を発揮するトランスファー RNA（tRNA）とリボソーム RNA（rRNA）が挙げられる．真核生物では，そのほかに RNA 分子のプロセシングに関与する核内低分子 RNA（small nuclear RNA；snRNA）や核小体低分子 RNA（small nucleolar RNA；snoRNA）も知られている．

RNA の合成は，鋳型となる DNA 鎖を 3′→5′ 方向に読みながら，5′→3′ 方向に進んでゆく．転写産物の配列は鋳型の配列と相補的である．転写に働く酵素は DNA 依存性 RNA ポリメラーゼ（RNA ポリメラーゼ（RNA polymerase）と簡略化される場合が多い）と呼ばれ，RNA ポリメラーゼ I, II, III の 3 種がみつかっている．いずれのポリメラーゼも似た構造を示すが，機能は互いに異なる．これまでの研究は，タンパク質遺伝子の転写を専門に受けもつ RNA ポリメラーゼ II に集中して行われてきた．一方，RNA ポリメラーゼ III は tRNA 遺伝子や 5S rRNA 遺伝子，snoRNA 遺伝子の転写に，また RNA ポリメラーゼ I は 25S，18S，5.8S rRNA 遺伝子を含む高度の繰り返し配列の転写に働く．

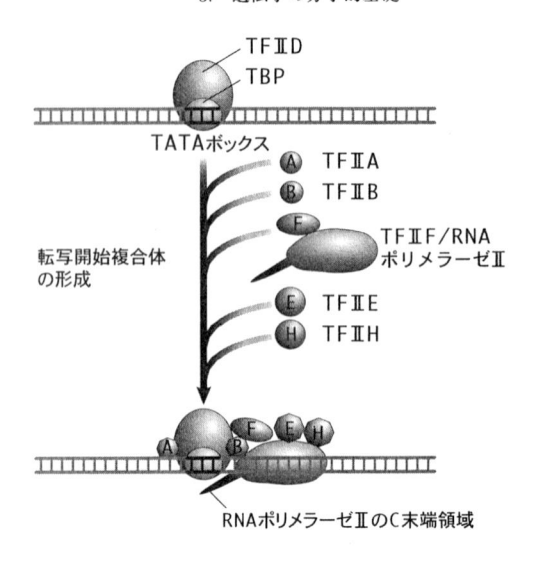

図3.7 転写開始のしくみ［Brown（2000）一部改変して引用］
TFⅡA, TFⅡB, TFⅡE, TFⅡF, TFⅡHはいずれも基本転写因子である．RNAポリメラーゼⅡのC末端領域がリン酸化されるとポリメラーゼはプロモーターから離れ，RNA合成を始める．

2） 転写開始複合体

RNAポリメラーゼが転写を始めるには，DNA上の特別な塩基配列と多くのタンパク質の助けを借りなければならない．特別な塩基配列の1つはプロモーター（promoter）である．RNAポリメラーゼⅡで転写される遺伝子の塩基配列を調べると，TとAに富むプロモーター，TATAボックス（ホグネス配列ともいう）が転写開始点から数えて上流30ヌクレオチド前後（転写の進んでゆく方向を下流，その逆方向を上流という）にみつかる．

TATAボックスにはTBP（TATAボックス結合タンパク質）と呼ばれるタンパク質が結合する．TBPは基本転写因子（general transcription factor；TFIID）の構成成分の1つであり，ほかのタンパク質と協力してRNAポリメラーゼⅡを転写開始点に連れてくる．図3.7に示すように，複数の基本転写因子が順次結合し，転写開始複合体が形成される．

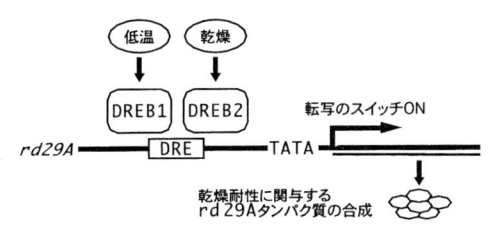

図 3.8 rd29 遺伝子の転写に関わるシス制御配列と
トランス制御因子

［井内ほか（1999）：乾燥ストレスへの分子応答機構，
植物の環境応答—生存戦略とその分子機構（渡邊昭・
篠崎一雄・寺島一郎監修），秀潤社より一部改変して引
用］

3) シス制御配列とトランス制御因子

　遺伝子がいつ，どの組織で，どの程度転写されるかを決めているのはDNA上のシス制御配列である．この配列は基本転写を担うプロモーターの上流に位置する場合が多い．またシス制御配列の中でも，転写量を増加させる配列をとくにエンハンサーと呼ぶ．植物遺伝子のシス制御配列としては，光刺激や低温ストレス，植物ホルモンなどに応答する配列，胚乳や花器官など特定の組織・器官に特異的な発現を規定している配列，細胞周期に合わせて発現を調節する配列が知られている．

　シロイヌナズナの rd29A 遺伝子は，乾燥や低温に出合うと転写が誘導され，転写産物（mRNA）の情報をもとに乾燥耐性に関与するタンパク質の合成が始まる．図3.8に示すように，rd29A 遺伝子の TATA ボックス上流には9ヌクレオチドのシス制御配列 5′-TACCGACAT-3′ がみつかった．DRE と名づけられたこの配列には，2種類のタンパク質 DREB1，DREB2 が結合する．これらのタンパク質はトランス制御因子と呼ばれ，シロイヌナズナが低温にさらされると DREB1 が，また乾燥条件の下におかれると DREB2 がそれぞれつくられる．ストレスに応答して合成されるトランス制御因子がシス制御配列を認識し，特異的に結合することによって rd29A 遺伝子の転写が始まると理解される．

b. RNA のプロセシング

　転写されたばかりの RNA 分子は，ふつうそのままでは役に立たず，修飾や加工が施されてはじめて機能を発揮する．こうした修飾や加工の過程をプロセシン

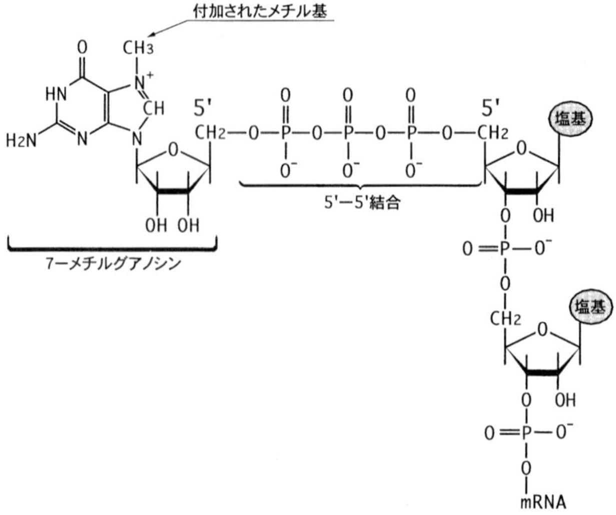

図3.9 mRNAの5′末端にみられるキャップ構造

グ(processing)という．プロセシングの内容は多岐にわたるが，ここでは真核生物のmRNAでみられるキャップ構造の形成，ポリ(A)配列の付加ならびにスプライシングについて解説する．

1) キャップ構造とポリ(A)配列

転写が始まり，RNAポリメラーゼIIがプロモーターから離れてまもなく，mRNA前駆体（mRNA precursor）の5′末端が現れる．それと同時にキャップ構造（cap structure）が形成される．キャップ構造は7-メチルグアノシン（m^7G）がmRNA前駆体の5′末端ヌクレオチドに5′-5′三リン酸橋を介して結合したものである（図3.9）．

一方，mRNAのほとんどは，3′末端に250個ほどのアデニル酸（ポリ(A)配列（poly(A)tail）という）が付いている（図3.10）．ポリ(A)配列の付加を指令するのはmRNA上に存在するシグナル配列（ポリ(A)シグナル配列）である．このシグナル配列から数えて10～15ヌクレオチド下流の位置でmRNA前駆体が切断され，その結果新たに生じた3′末端には，ポリ(A)ポリメラーゼの働きによってアデニル酸が鋳型なしに次々に付加されてゆく．

キャップ構造とポリ(A)配列はともに，翻訳開始に重要な役割を演ずる．そのほか，RNA輸送への関与（キャップ構造）やRNAの安定化に果たす役割（ポリ

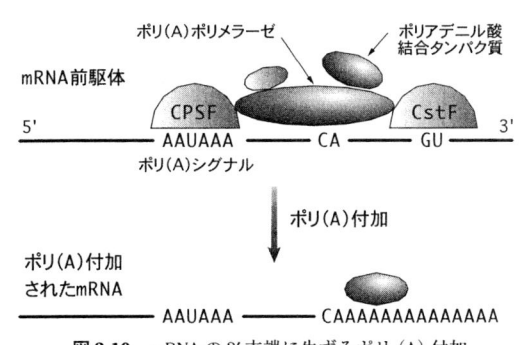

図 3.10 mRNA の 3′ 末端に生ずるポリ (A) 付加
[Brown (2000) より一部改変して引用]
ポリ (A) シグナル配列と GU に富む領域にはそれぞれ CPSF, CstF と呼ばれるタンパク質が結合する．これらのタンパク質の助けを借りて，ポリ (A) ポリメラーゼやポリアデニル酸結合タンパク質が mRNA の 3′ 末端にアデニル酸を付加してゆく．

(A) 配列）なども指摘されているが，十分には解明されていない．

2) スプライシング

1977 年に DNA 塩基配列の解析技術が真核生物の遺伝子にはじめて応用され，以来多数のタンパク質遺伝子の構造が決定された．予想に反して，解析された遺伝子の構造は少数の例外を除けば一続きではなく，タンパク質をコードする塩基配列が分断された状態で DNA 上に分布していることが明らかとなった．このような構造の遺伝子において，情報コードをもつ塩基配列をエキソン (exon)，エキソンに挟まれ，タンパク質の合成には使われない配列をイントロン (intron) と呼ぶ．遺伝子によって，含まれるイントロンの数や長さはまちまちである．またイントロンは rRNA 遺伝子や tRNA 遺伝子にもみつかっている．

図 3.11 はイントロンを含む遺伝子の転写を示す模式図である．遺伝子はまずイントロン配列も含め全体が RNA に転写される．次に，前駆体の RNA 分子からイントロンに相当する塩基配列だけがとり除かれる．このプロセシングは単にイントロンの除去だけにとどまらず，残ったエキソンを互いにつなぎ合わせる巧妙な過程であり，スプライシング (splicing) と名づけられている．後で述べるようにタンパク質のアミノ酸配列は mRNA 上のトリプレットコドンにしたがって決まるので，仮にスプライシングが間違った位置で起こるとアミノ酸配列が変わ

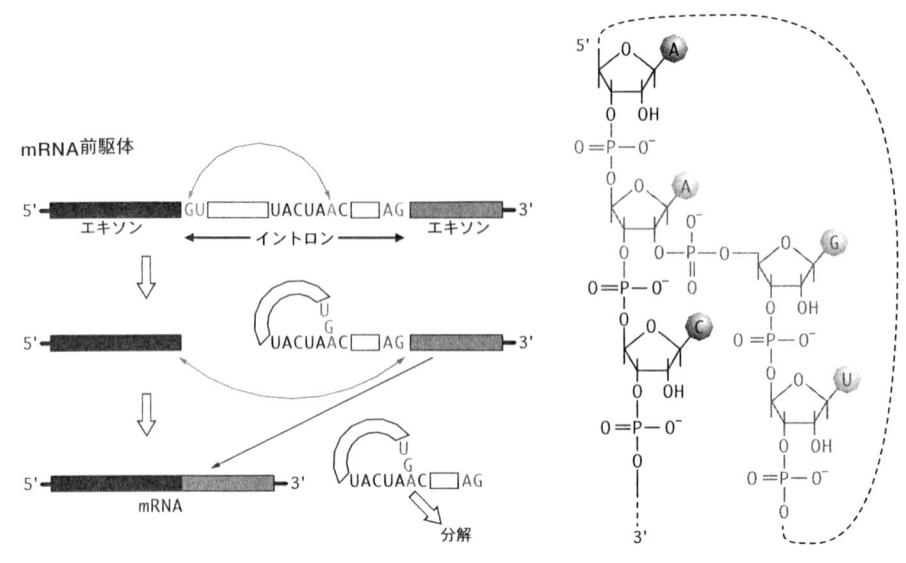

図 3.11 イントロンのスプライシング [赤坂 (2002) より一部改変して引用]
イントロン内部の A (酵母では共通配列 5′-UACUAAC-3′ の最後の A) によってイントロン 5′ 端が切断される. 同時にイントロン末端の G と A は 5′-2′ リン酸ジエステル結合で結ばれ, イントロン 3′ 端の切断へと続く.

ったり，あるいは翻訳終止コドンが予定されていない場所に形成されて，正しいタンパク質の合成ができなくなる.

　イントロン配列を比べてみると，大多数のイントロンが 5′-GU-3′ という 2 塩基で始まり，5′-AG-3′ の 2 塩基で終わることがわかった. イントロンが正しい位置で切断されるのは，おそらくこの保存配列が威力を発揮しているためであろう.

　スプライシングは RNA 鎖におけるイントロン 5′ 末端の切断にはじまり，その後，イントロン 3′ 末端の切断とエキソンの連結が連続して起こる複雑な反応である. スプライソーム (spliceosome) と呼ばれるスプライシング装置がこの反応を進めてゆく. スプライソームは複数の snRNA とタンパク質からできた複合体と考えられている.

c. 翻　　訳

　遺伝子発現の最終産物はプロテオーム (proteome)，いい換えると細胞に含まれる機能タンパク質の集合である. プロセシングを経て完成した mRNA は細胞

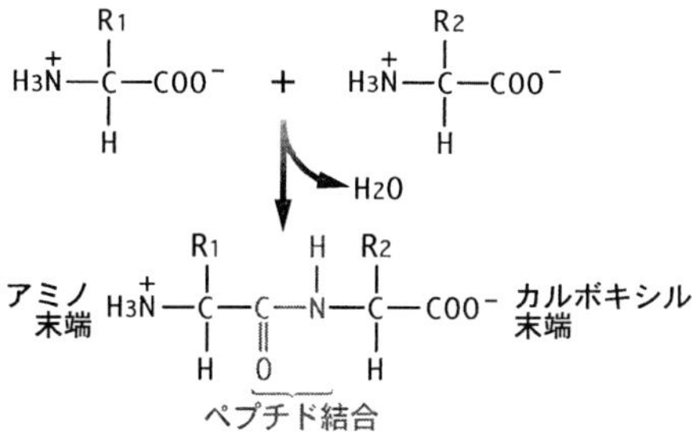

図3.12 アミノ酸とペプチド結合
側鎖（R）はアミノ酸の種類によって異なる．

質（cytoplasm）のリボソーム（ribosome）へ運ばれる．リボソームでは，mRNAの塩基の並び方にしたがってアミノ酸がつながり，プロテオームの構成タンパク質が合成される．この過程が翻訳（translation）である．

1) 遺伝暗号

タンパク質は20種のアミノ酸で組み立てられている．アミノ酸（amino acid）がつながってできた重合体（ポリペプチド，polypeptide），すなわちタンパク質は線状で枝分かれしていない．1つのタンパク質を構成するアミノ酸の数はふつう2000個以下である．

隣り合ったアミノ酸の間で，それぞれのカルボキシル基とアミノ基の縮合反応（タンパク質に特徴的な結合なのでペプチド結合（peptide bond）ともいう）が次々に起こり，高分子化することによってポリペプチドが形成される（図3.12）．ポリペプチドの両端は互いに化学的性質が異なっており，一方の末端は遊離のアミノ基なのでアミノ末端（amino terminus）（NH_2-末端，N末端）と名づけられている．もう一方はカルボキシル基が遊離の状態であり，カルボキシル末端（carboxyl terminus）（COOH-末端，C末端）と呼ばれる．

タンパク質の構成アミノ酸のそれぞれに対応する遺伝暗号（genetic code）が，mRNA上には3塩基連鎖（トリプレット）を単位として一定の順序で並んでいる．この3塩基連鎖をコドン（codon）という．4種の塩基がつくるトリプレットコドンは$4^3 = 64$種類あるが，それぞれのコドンとアミノ酸との対応関係は表3.1のようにまとめられる．

トリプトファンとメチオニンを除く18種のアミノ酸は複数のコドンによって指定される．中でもロイシンやセリンを意味するコドンは6通りもある．遺伝暗

表 3.1 遺伝暗号

2 文字目

1文字目 5′末端		U	C	A	G	3文字目 3′末端
U		UUU Phe (F) UUC Phe (F) UUA Leu (L) UUG Leu (L)	UCU Ser (S) UCC Ser (S) UCA Ser (S) UCG Ser (S)	UAU Tyr (Y) UAC Tyr (Y) UAA 終止 UAG 終止	UGU Cys (C) UGC Cys (C) UGA 終止 UGG Trp (W)	U C A G
C		CUU Leu (L) CUC Leu (L) CUA Leu (L) CUG Leu (L)	CCU Pro (P) CCC Pro (P) CCA Pro (P) CCG Pro (P)	CAU His (H) CAC His (H) CAA Gln (Q) CAG Gln (Q)	CGU Arg (R) CGC Arg (R) CGA Arg (R) CGG Arg (R)	U C A G
A		AUU Ile (I) AUC Ile (I) AUA Ile (I) AUG Met (M) (開始)	ACU Thr (T) ACC Thr (T) ACA Thr (T) ACG Thr (T)	AAU Asn (N) AAC Asn (N) AAA Lys (K) AAG Lys (K)	AGU Ser (S) AGC Ser (S) AGA Arg (R) AGG Arg (R)	U C A G
G		GUU Val (V) GUC Val (V) GUA Val (V) GUG Val (V)	GCU Ala (A) GCC Ala (A) GCA Ala (A) GCG Ala (A)	GAU Asp (D) GAC Asp (D) GAA Glu (E) GAG Glu (E)	GGU Gly (G) GGC Gly (G) GGA Gly (G) GGG Gly (G)	U C A G

各コドンは 3 塩基よりなる．表には 5′から 3′方向にその配列 (mRNA 上の) を示した．アミノ酸の略号 (3 文字表記と 1 文字表記) は次のとおりである．フェニルアラニン (Phe, F), ロイシン (Leu, L), イソロイシン (Ile, I), メチオニン (Met, M), バリン (Val, V), セリン (Ser, S), プロリン (Pro, P), トレオニン (Thr, T), アラニン (Ala, A), チロシン (Tyr, Y), ヒスチジン (His, H), グルタミン (Gln, Q), アスパラギン (Asn, N), リシン (Lys, K), アスパラギン酸 (Asp, D), グルタミン酸 (Glu, E), システイン (Cys, C), トリプトファン (Trp, W), アルギニン (Arg, R), グリシン (Gly, G).

号にみられる，こうした特徴を縮重という．また，UAA, UAG, UGA の 3 コドンはいずれもアミノ酸を指定せず，タンパク質合成を止めるときの暗号 (終止コドン) の役目を果たす．一方，翻訳の開始暗号には AUG コドンが使われる．

2) トランスファー RNA

　トランスファー RNA (tRNA) はふつう 90 個に満たないヌクレオチドからなる小型の一本鎖分子であり，遺伝子が翻訳されるときに mRNA と，合成されるポリペプチドとの間を仲介するアダプターの役割を担う．タンパク質を構成する 20 種のアミノ酸のそれぞれに対して，1 種以上の tRNA 分子が対応する．植物の tRNA は 50 種ほどと推定されている．

　tRNA は通常 RNA ヌクレオチド (A, C, G, U) だけでなく，多数の修飾ヌク

3.2 遺伝子の発現

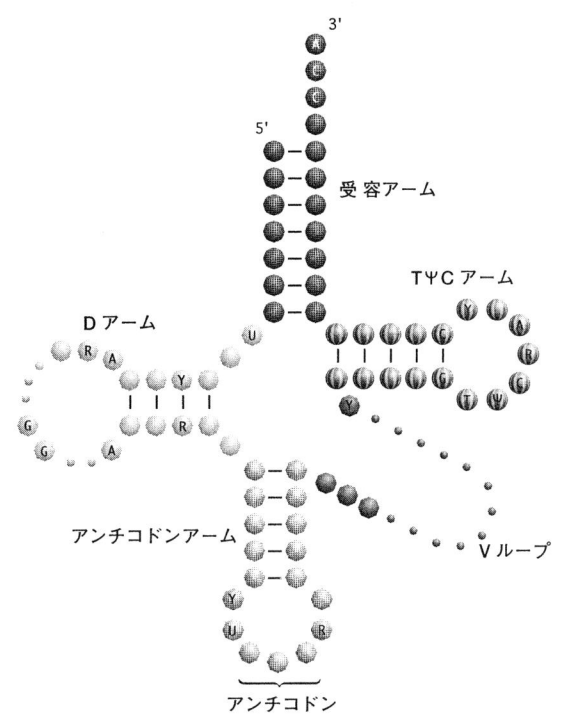

図 3.13 tRNA のクローバー葉構造
[Brown (2000) より引用]
すべての tRNA 分子種に共通のヌクレオチド (A, C, G, T, U, ψ, ただし ψ はプソイドウリジン) とほぼ共通のヌクレオチド (R はプリン塩基, Y はピリミジン塩基) を示す.

レオチドを含む点で, rRNA や mRNA と異なる. しかも分子内で部分的に安定な塩基対が形成されるため, 2次構造はクローバーの葉のようになる. 図3.13に一般的な tRNA の2次構造を示す. 5′ 末端から順に受容アーム (acceptor arm), D アーム, アンチコドンアーム, V ループ, TψC アームと呼ばれる構造が並び, 3′ 末端は CCA_{OH} という配列で終わる. tRNA の 3′ 末端にはアミノ酸が結合する. これを tRNA のアミノアシル化 (aminoacylation) という. アミノアシル化はアミノアシル tRNA 合成酵素によって触媒される. 生物はほぼ例外なしに, 20種のアミノ酸に対応して 20 種のアミノアシル tRNA 合成酵素 (aminoacyl‑tRNA synthetase) をつくっている. この酵素はアミノ酸と tRNA の双方を正確に認識して, 両者の結合を仲立ちする役目を負う.

アンチコドンアームにはmRNA上のコドンと相補的な三塩基連鎖（アンチコドン，anticodon）が存在する．アミノ酸を結合したtRNA（アミノアシルtRNA）がmRNA上のコドンを正確に認識できるのは，コドンとアンチコドンの間の塩基対形成を利用するからである．塩基対をつくるポリヌクレオチドはつねに逆平行の関係にあり，翻訳の際にmRNAは$5'→3'$方向に読まれるのでコドンの1文字目はアンチコドンの3文字目と対合することになる．コドンの2文字目，3文字目と塩基対を形成するのは，それぞれアンチコドンの2文字目，1文字目である．コドンの3文字目とアンチコドンの1文字目との間ではGC対，AU対以外の対合も起こる．GU塩基対形成はその好例である（ゆらぎ（wobble）という）．ゆらぎによって，1個のtRNAで複数のコドンを解読することが可能になるので，細胞が実際に必要とするtRNAの種類は61種（終止コドンを除いたコドンの種類）よりも少なくて済む．

3） リボソーム

細胞内のタンパク質合成の場はリボソームである．真核細胞の細胞質に含まれるリボソームの沈降係数（高密度の液体中で遠心したとき，分子や構造体が沈降してゆく速度を表す値．その値は質量だけでなく形にも依存する）は80Sで，大小2つのサブユニット（沈降係数はそれぞれ60S，40S）からなる．大サブユニットは3種のrRNA（25S，5.8S，5S）と約50個のタンパク質（リボソームタンパク質という）で構成されている．一方，小サブユニットには18S rRNAと30個程のタンパク質が含まれる．

4） 翻訳のしくみ

リボソーム小サブユニットは開始tRNA（initiator tRNA，開始コドンを認識するメチオニンtRNA，細菌ではホルミルメチオニンでアミノアシル化されるが，真核生物においてはふつうのメチオニンでアミノアシル化されている）や開始因子と呼ばれるタンパク質と会合し，開始前複合体を形成する（図3.14）．開始前複合体はmRNAの5'末端に結合し，AUG開始コドン探しが始まる．AUGとそれをとりまく特有の塩基配列が，翻訳開始の目印に使われているようである．

開始前複合体が開始コドンに達すると，リボソーム大サブユニットが結合する．80SリボソームにはアミノアシルtRNAが結合できる部位が2か所用意されており，それぞれをP部位，A部位という．P部位には開始tRNAが既に結合しており，そのアンチコドンはmRNA上の開始コドンと塩基対を形成している．

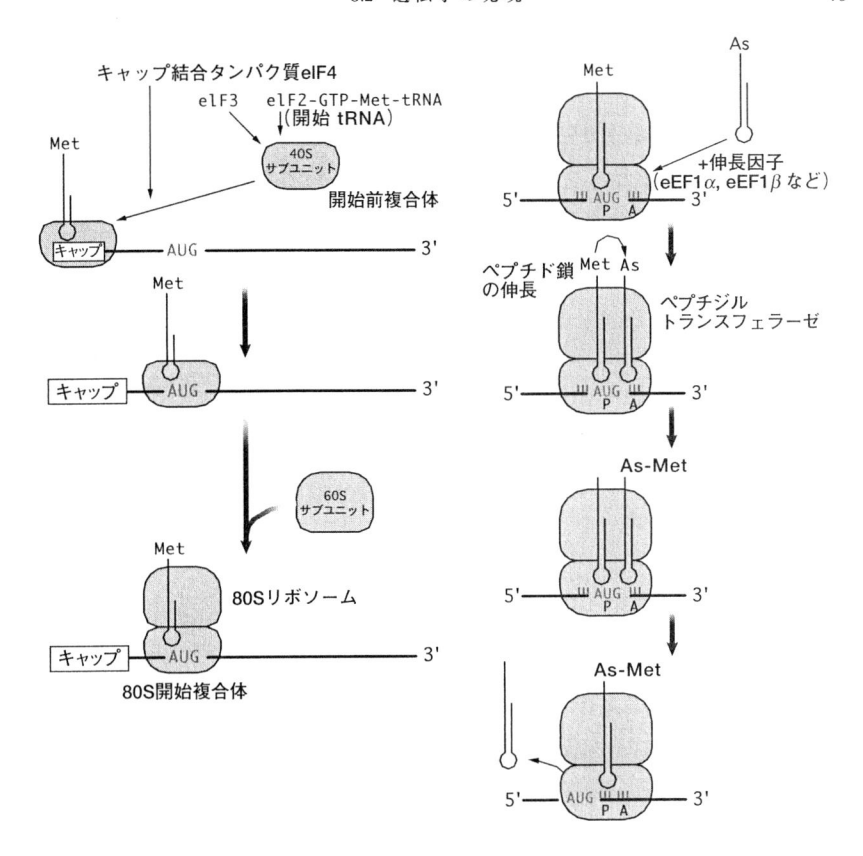

図3.14 翻訳のしくみ [Heldt (2000) より一部改変して引用]
80Sリボソームにおける開始複合体の形成（左のパネル）とペプチド鎖の伸長過程（右のパネル）を示す．Asはアミノ酸を表す．

隣のコドン，つまりタンパク質に翻訳される読みとり枠（open reading frame；ORF）の2番目のコドンを認識するアミノアシルtRNAがA部位に入ると，2つのアミノ酸がペプチド結合でつながる．これを触媒するのはペプチジルトランスフェラーゼである．こうして読みとり枠内のはじめの2コドンに対応するジペプチドは，A部位上のtRNAと結合した状態となる．

次のステップは転位と呼ばれ，その過程では以下の3つの現象が同時に起こる．

① リボソームが3ヌクレオチド分（コドン1個分），mRNAの3′末端方向へ移

動し，次のコドンがA部位に入る．② A部位上のtRNAがP部位へ移る．③ P部位上のtRNAがリボソームから放出される．

　転位が繰り返されることによってポリペプチド鎖が伸張してゆく．mRNA上に終止コドンが現れると，タンパク質の合成は終わる．このとき，A部位にはtRNAの代わりに終結因子と呼ばれるタンパク質が結合する．完成したポリペプチド鎖はP部位上のtRNAから離れ，種々のプロセシングを経て活性のあるタンパク質となる． 〔三上哲夫〕

4. 染色体と遺伝

　生物はすべて細胞から成り立ち，細胞は分裂によって数を増やす．したがって，生物の成長は細胞の数の増大によって起こる．生物の種としての特徴はその種がもつ全遺伝情報すなわちゲノム（genome）に基づくもので，そのゲノム情報（＝DNA）の大部分は細胞の核という構造物に存在し，一部は細胞質中のミトコンドリアや葉緑体という細胞小器官に存在している．動物，植物を問わず真核生物の細胞では，核に含まれる DNA はヒストンという核タンパク質と結合して染色体（chromosome）という構造体に編成されている．遺伝学研究の1つの分野は，この遺伝子を運搬する染色体が細胞分裂過程でどのように挙動するかを研究することであり，細胞遺伝学（cytogenetics）と呼ばれている．細胞分裂には，体を構成する細胞（体細胞）の分裂である体細胞有糸分裂（somatic mitosis，または単に mitosis）と配偶体（種子植物では雄性配偶体の花粉および雌性配偶体の胚嚢）を形成するときに起こる減数分裂（meiosis）とがある．どちらの分裂においても紡錘体（spindle）という分裂装置が形成され，複製した染色体を新しい2つの細胞に正確に分配する．元来，"mitosis" という用語は，Flemming（1882）が細胞分裂時に糸状の構造物（染色体）の出現を観察して，その過程に対して「糸」を意味するギリシャ語をあてたことに由来し，真核細胞の一般的な分裂様式を意味する．しかし，"mitosis" は，ふつう，体細胞有糸分裂を表す用語として用いられ，体細胞有糸分裂は単に有糸分裂または体細胞分裂とも呼ばれている．

4.1　体細胞有糸分裂

a.　染色体の形態と核型

　染色体という用語は，細胞分裂において出現する塩基性色素によって染まる細糸状のものに対して Waldeyer（1888）によって命名されたものである．その後，1900年にメンデルの遺伝法則が再確認されると，ただちに染色体こそがメンデ

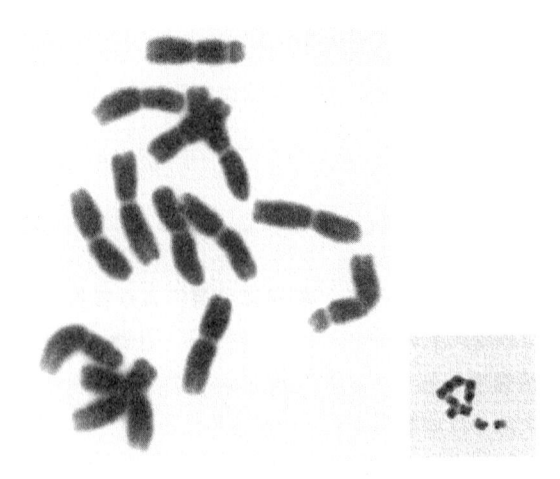

図 4.1 同倍率のオオムギ（左側）とシロイヌナズナ（右側）の体細胞分裂中期の染色体像［写真提供：村田 稔氏］オオムギ染色体の平均の大きさは約 10 μm.

ルの想定した遺伝因子であることが予測され，ショウジョウバエの伴性遺伝（白眼突然変異と X 染色体の関係）や連鎖地図の研究から，速やかに染色体が遺伝子の集合体であることが証明された（2.3 節参照）．このことは，遺伝子の本体である DNA が染色体に集中して存在していること，染色体の数や構造の異常がヒトの遺伝病を始めとする突然変異形質と直接的に結びついていること等から，現在では明白な事実である．

各々の種は固有の染色体数，大きさ，形をもち，ある生物種の染色体全体の特徴を核型（karyotype）という．植物では，キク科のハプロパップス（*Haplopappus gracilis*）の $2n=4$ がこれまで報告されているもっとも少ない染色体数であり，染色体の大きさもシロイヌナズナのような小さなものからムギ類のように大きなものまでいろいろである（図 4.1）．

染色体の形態もいろいろである．光学顕微鏡レベルでの核型分析に用いられる構造上の第 1 の要素は，動原体（centromere，または kinetochore）である．DNA の複製に伴って遺伝子の集合体である染色体も複製し，新しくできた 2 つの娘細胞（daughter cell）に正確に分配されなければならない．このために必須の染色体構造が，染色体のくびれた部分で一次狭窄（primary constriction）とも呼ばれる動原体である．動原体の位置によって染色体を端部動原体染色体，次端

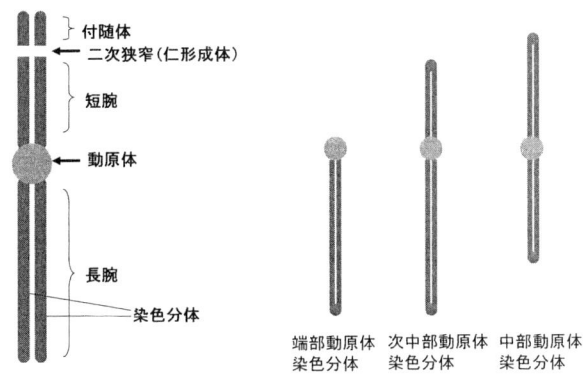

図 4.2 体細胞分裂中期の染色体模式図

部動原体染色体，次中部動原体染色体，中部動原体染色体と呼んで区別している（図 4.2）．細胞分裂にあたり，動原体では DNA の複製が最後に起こるので，重複した染色体，すなわち染色分体（chromatid，同一染色体由来のものを姉妹染色分体（sister chromatid）という）は動原体でつなぎ止められ，そこに紡錘糸が付着して染色分体は両極に分離される．分離した姉妹染色分体は娘染色体（daughter chromosome）と呼ばれる．酵母（*Saccharomyces cerevisiae*）ではこの動原体の特異的な機能に対応した特殊な DNA 配列（220〜250 bp）の存在が明らかにされたが，植物や動物染色体の動原体についてはその領域にレトロトランスポゾン様の配列が反復して存在していること以外はよくわかっていない．ふつう，染色体は局在した動原体を 1 つだけもつが，例外的に多数の動原体が 1 つの染色体上に分散している植物種（スズメノヤリ属やスゲ属）も存在する．

付随体（satellite）は染色体の本体から二次狭窄（secondary constriction）によって隔絶されている．二次狭窄は，普通の染色ではみえないが，活発にリボソーム RNA（rRNA）の転写が行われている仁形成体部位（nucleolar organizing region）に相当する．rRNA は，メッセンジャー RNA（mRNA）からタンパク質への翻訳の場であるリボソームを構成する要素である（3.2 節参照）．付随体は特定の染色体にあり，そのような染色体は SAT 染色体と呼ばれる．

b. テロメア

核型分析の指標とはならないが，真核生物の直線状染色体の複製において重要な意味をもつ構造にテロメア（telomere）がある．テロメアは元来，染色体末端

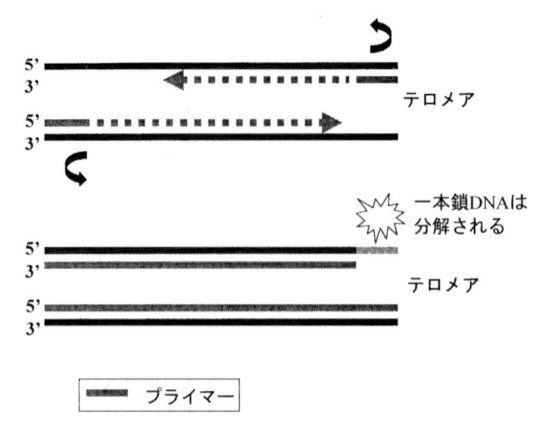

図 4.3 染色体末端複製の模式図

の濃く染色する部分を指す用語であったが，現在では直線状染色体の末端に存在して染色体を保護する役割をもつ特異なDNA配列を意味する．DNAの複製は，ポリヌクレオチドの二重らせんが解けてそれぞれが鋳型となり，相補的なヌクレオチドが結合して新しいポリヌクレオチドが $5' \rightarrow 3'$ の方向に伸長する．その際，プライマーと呼ばれる鋳型DNAに相補的に結合するRNAが合成され，そこから新しいDNA鎖の伸長が始まる．プライマーはその後分解されて除かれ，新生鎖はDNAリガーゼという酵素でつながる（3.1節参照）．この複製のしかたはバクテリアのような環状DNAの場合は何の問題も生じないが，真核生物の直線状で末端のある染色体の場合，複製された片方の染色体末端が短縮することになる（図4.3）．複製ごとに染色体が短くなることは，細胞が何回か分裂をすると末端近くに座乗する遺伝子が欠損することを意味し，生物にとって致命的なことである．この問題を解決するものが染色体の末端に存在する膨大なコピーのテロメア配列である．テロメア配列には遺伝子としての機能はないが，スペースシャトルの耐熱タイルのように自らを犠牲にしながら防火壁として内側の遺伝子を守っている．テロメア配列は受精時にテロメラーゼという酵素の作用で多数のコピーがつくられてその長さが回復すると考えられている．哺乳動物では，テロメア配列は体細胞分裂の間は減少する一方であり，分裂回数による寿命，すなわち，老化と関係があることが示唆されている．事実，普通の培養細胞はテロメラーゼ活性がなく一定回数分裂すると死滅し，テロメラーゼ活性のあるがん細胞は永遠（まだ50年ほどしか証明されていないが）に分裂することが知られている．植物で

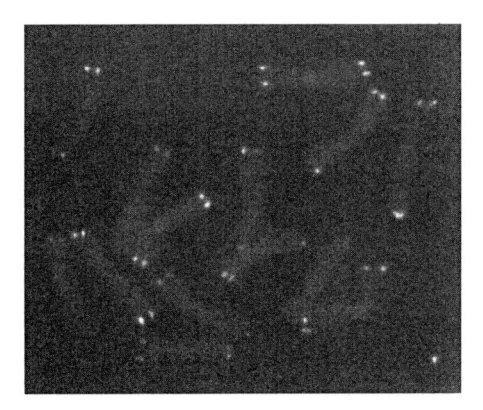

図4.4 オオムギのテロメア配列の *in situ* ハイブリダイゼーション（FISH）蛍光顕微鏡像
染色体末端の白くなっている部分がテロメア配列のシグナル（蛍光顕微鏡では緑色の蛍光を発している）.

はシロイヌナズナでテロメアの配列（AGGGTTT）が最初に解明され，ほかの植物種でも同じ配列がテロメアに特異的に存在することが明らかになっている（図4.4）．植物の場合は，培養細胞の寿命は永遠であると考えられており，テロメアと細胞の寿命の関係は明らかでない．

c. 染色体同定の手法

染色体を均一に染める染色による光学顕微鏡観察と核型分析だけでは，個々の染色体を確実に同定するのは困難である．ところが染色体プレパラートをアルカリや酸で処理して，ギムザやライト染色液（白血球の染色に用いられている）または蛍光色素で染色すると，個々の染色体に特有のバンド模様が出現する．この分染法と呼ばれる染色法は1970年代にヒトの染色体で開発されたが，植物染色体でもC-バンド法とN-バンド法が有効に利用されている．前者は水酸化バリウム（$Ba(OH)_2$）で，後者はリン酸二水素ナトリウム（NaH_2PO_4）での処理を行う．分染法は種の核型分析だけでなく，染色体の構造変異の研究に利用されている．分染法の分子的基礎はよくわからないが，染色体が強く凝縮している領域（異質染色質（ヘテロクロマチン）という）が濃く染色されているようである（図4.5）.

1980年代以降，染色体上の特定のDNA配列を可視的にする技術（*in situ* ハイブリダイゼーション）を用いた染色体研究，いわゆる分子細胞遺伝学が急速に進

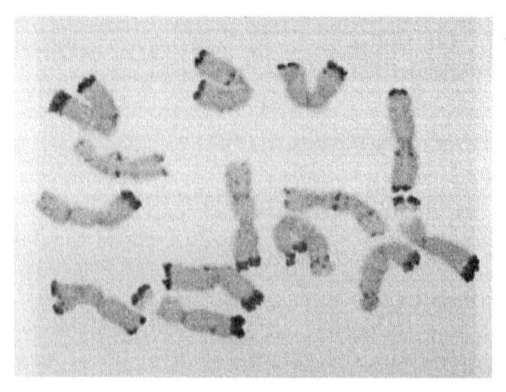

図 4.5 ライムギ体細胞分裂中期染色体の
C-バンド分染像
濃く染まっているヘテロクロマチンのバンドパターン
によって各染色体が同定できる．

展してきた．特定の DNA 断片を化学的に標識し，それをプローブ（probe，「探り針」の意味）として染色体上の同じ配列と分子雑種を形成させるものである．初期は放射性同位元素で標識したが，近年は直接・間接的に蛍光色素で標識する FISH（fluorescence in situ hybridization）と呼ばれる手法が使われている．特定遺伝子がクローニングされれば，その遺伝子の染色体上での配置を明らかにすることができる．また，ある生物種の全 DNA（ゲノム）をプローブにする GISH（genomic in situ hybridization）と呼ばれる手法によって，たとえば，作物に導入された異種染色体の同定が可能になるほか，異質倍数体における異なるゲノムを区別することもできる（図 4.6）．

d. 細胞周期と有糸分裂

細胞は分裂と成長という一連の連続した過程，すなわち細胞周期（cell cycle）を繰り返して増殖する．ここでは，細胞周期における染色体の状態の変化を概略することにより，有糸分裂によって遺伝的に同一の細胞が生じることを示す．細胞周期は核の外見的状態によって有糸分裂（M 期，mitosis）と間期（interphase）に分けられ，間期はさらに G_1 期（gap 1），S 期（synthesis），G_2 期（gap 2）に分割されている（図 4.7）．

間期では染色体は染色質（chromatin）と呼ばれる伸びきった状態になっているので，核は一様に染色されて休止しているようにみえる．しかし，この時期に

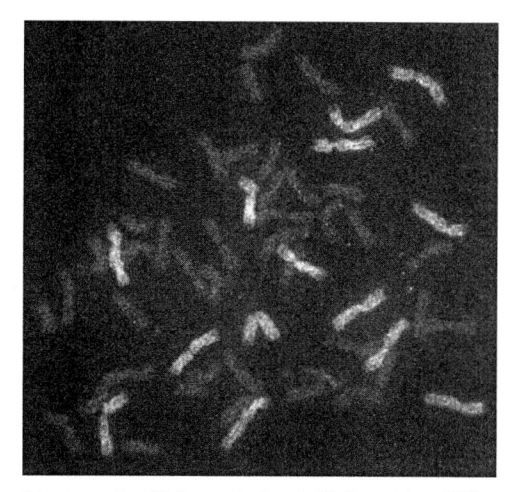

図 4.6 ライムギ（$2n=14$）とコムギ（$2n=42$）の雑種の染色体を倍化した新しい作物ライコムギの GISH 像

ライムギ由来の 14 本の染色体は蛍光を発する（白い染色体）ので，コムギ由来の染色体（灰色の染色体）とは区別できる．

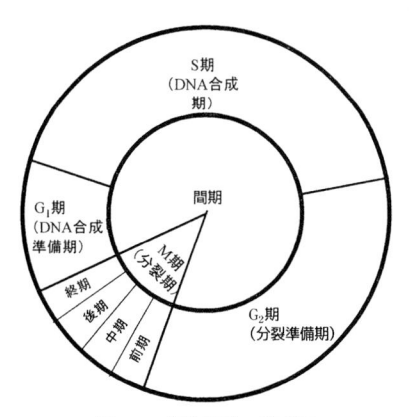

図 4.7 細胞周期の模式図

細胞はさかんに物質代謝して成長し（G_1 期），DNA の合成が起こり（S 期），有糸分裂の準備（G_2 期）をする．細胞周期の過程は一定の順序で起こる必要があるので，次の過程に進む準備ができているかどうかのチェックポイント機能が備わっていて細胞周期の調節が行われている．G_1 期において細胞が成長して十分な大きさになるまで S 期は始まらず，また，G_2 期において DNA 複製が完了して

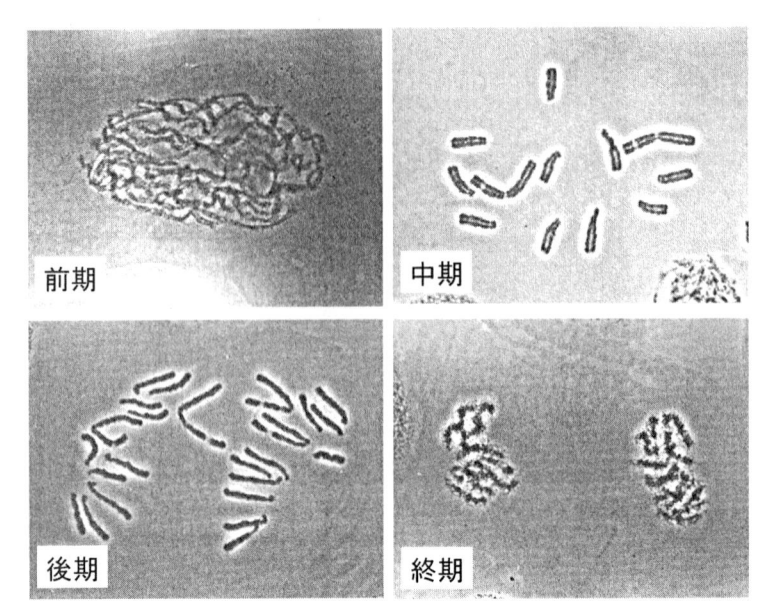

図 4.8　ソラマメの体細胞分裂

いることがチェックされて有糸分裂に進む．

　有糸分裂は複製した染色体，すなわち染色分体が新しい2つの娘核に分配される一連の過程であるが，前期 (prophase)，中期 (metaphase)，後期 (anaphase)，終期 (telophase) の4段階に区別されている（図4.8）．

　① 前期：核膜が消失し，染色体は短縮を始め，太く，短くなる．短縮は染色体がらせんを巻くようにして起こる．

　② 中期：染色体はもっとも短縮し，その数や形態が顕微鏡で明瞭に観察できるようになる．核膜は消失し，動原体に紡錘糸 (spindle fiber) が付着して染色体は紡錘体の中央の1平面（赤道面）に配列する．

　③ 後期：紡錘糸が染色分体の動原体に付着して，染色分体を別々の方向に引き離す．紡錘糸はチューブリンというタンパク質分子からできた微小管の束である．

　④ 終期：染色体はらせんを解き，核膜が形成されて2つの娘核ができる．

　核分裂に続いて，植物の細胞では中央部から細胞板という仕切りができて細胞質分裂 (cytokinesis) が起こり，新しい2つの娘細胞になる．植物体は有糸分裂により細胞の数を増して成長し，いろいろな形態や機能の異なる組織，器官に分

化していくが，有糸分裂によって生じた娘細胞は同一の染色体構成を有するのでまったく同じ遺伝子構成を有する．このことは，植物の組織（葉や茎）の一片を人工培地で組織培養すると，完全な植物体が再生するという事実によって証明される．

4.2 減数分裂

a. 減数分裂の過程

植物の繁殖方法には無性生殖と有性生殖とがある．無性生殖は，受精の過程を経ないで有糸分裂を繰り返して成長した器官の一部が新しい個体として発生するもので，胞子，腋芽，むかご，地下茎，球根などで繁殖する栄養生殖がこれにあたり植物では普通にみられる．無性生殖によって繁殖した個体は遺伝的に同一で，クローン（clone）と呼ばれる．クローン集団のある個体にまれに起こった突然変異はその子孫にだけ受け継がれる．このように，無性生殖で増殖する植物種では，遺伝的変異は比較的ゆっくりと集団内に拡散するため，進化速度は後述の有性生殖する種より遅くなる．

有性生殖では雌雄の配偶子（卵と精細胞）の受精によって新しい個体が生じる．受精卵には雌雄の配偶子から同じ染色体セットがもたらされる．もし配偶子が有糸分裂によって体細胞から生じると，受精を重ねるごとに染色体の数は倍加してしまう．そこで，植物の配偶子が葯や胚珠でつくられるときには，染色体数を半減する減数分裂という特殊な細胞分裂が起こる．減数分裂では染色体の複製が起こった後，核分裂が2回（第一減数分裂，第二減数分裂）続いて起こる．受精卵から発生する個体の体細胞は母方と父方由来の染色体を2セットもつので複相（$2n$）であるといい，配偶子は染色体を1セットだけもつので単相（n）であるという（たとえば，パンコムギの体細胞は$2n=42$，配偶子は$n=21$と表記する）．配偶子には異なる染色体が一揃い（n本）あり，体細胞には雌雄由来の同じ染色体，すなわち相同染色体（homologous chromosome）が2本ずつn対ある．相同染色体は，同じ遺伝子を同じ順序でもつ染色体を意味するが，遺伝子座によって同じ対立遺伝子（allele）をもつホモ接合と異なる対立遺伝子をもつヘテロ接合の状態がある．以下に減数分裂の詳しい過程とその遺伝学的意義について述べる（図4.9）．

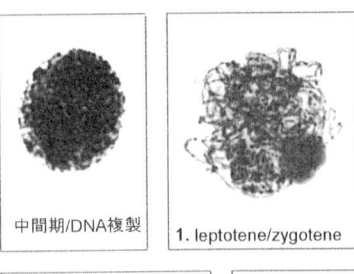

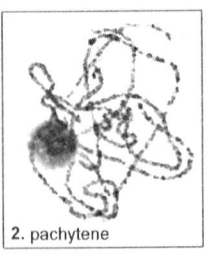

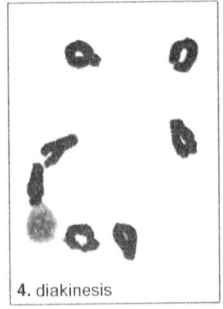

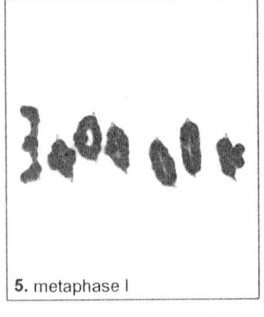

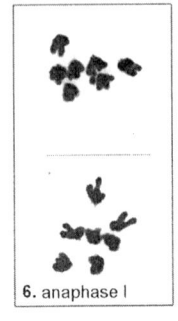

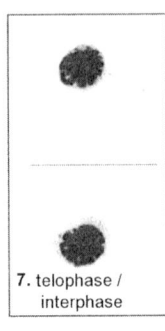

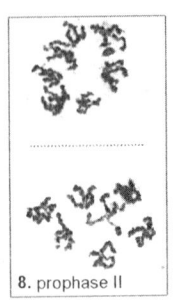

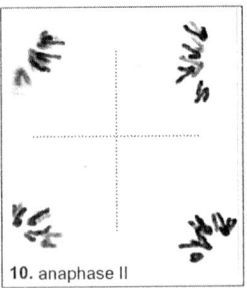

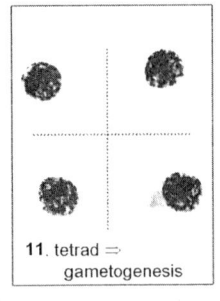

図 4.9　ライムギの減数分裂　[提供：N. Jones 氏]

1) 第一減数分裂

減数分裂の各段階は有糸分裂と同じように，前期，中期，後期，終期に分けられている．第一分裂前期はさらに5段階に分けられている．

① 第一分裂前期（prophase I）

・細糸期（leptotene，図 4.9 の 1）：中間期に複製された染色体は短縮し始め光学顕微鏡で単一の染色糸として観察されるようになる．

・接合糸期（zygotene，図 4.9 の 1）：相同染色体間の全長にわたって対合（synapsis）が起こる．対合は染色体の相同部分の間できわめて正確に起こる．

・太糸期（pachytene，図 4.9 の 2）：完全に対合した相同染色体は二価染色体

（bivalent）となり，さらに短縮し，太くなって光学顕微鏡ではっきり観察できるようになる．複製した相同染色体は2本の姉妹染色分体として観察されるようになり，対合している相同染色体の非姉妹染色分体間で切断とつなぎ換えが起こる．このつなぎ換え構造はキアズマと呼ばれ，遺伝子間の乗換え（crossing-over）という現象を可視的に示している．この時期に二価染色体の相同染色体とそれらを結びつけているタンパク質の構造をシナプトネマ構造体（synaptonemal complex）という．

・複糸期（diplotene，図4.9の3）：二価染色体の相同染色体は，姉妹染色分体が結合したまま，動原体に付着した紡錘糸により両極に引かれるように離れていく．二価染色体は第一分裂後期に分離するまで，末端のキアズマによって結合されている．二価染色体を構成する4本の染色分体を四分染色体（tetrad）と呼ぶ．

・移動期（diakinesis，図4.9の4）：染色体の短縮はさらに進み，二価染色体は核内に一様に広がって配列する．仁は消失し，核膜は崩壊しだす．

② 第一分裂中期（metaphase I，図4.9の5）

紡錘体が形成され紡錘糸は動原体に付着し，二価染色体はその相同染色体の動原体が赤道面の両側に等距離に配置されるように移動する．

③ 第一分裂後期（anaphase I，図4.9の6）

二価染色体の動原体は別々の極に引かれていく．このとき，姉妹染色分体は動原体の所で接着したままである．また，母親由来と父親由来の相同染色体が，どちらの極に向かうかは二価染色体ごとにランダムに決まる．

④ 第一分裂終期（telophase，図4.9の7）

それぞれの極で染色分体は集合し，らせんを解いて核を形成する．種によってはすぐに第二分裂に進まないで，分裂間期と呼ばれる時期を経るものがある．第一分裂の完了により生じる2つの細胞は半減した染色体をもつことになる．

2) 第二減数分裂

染色体は再び短縮してみえるようになる．新たなDNAの複製は起こらず，既に複製されている染色分体が，基本的には有糸分裂と同じ過程を経て娘核に分配される．この段階の染色分体は，第一減数分裂で乗換えがあるため遺伝的に同一でないので姉妹染色分体とはいえない（図4.9の8〜11）．

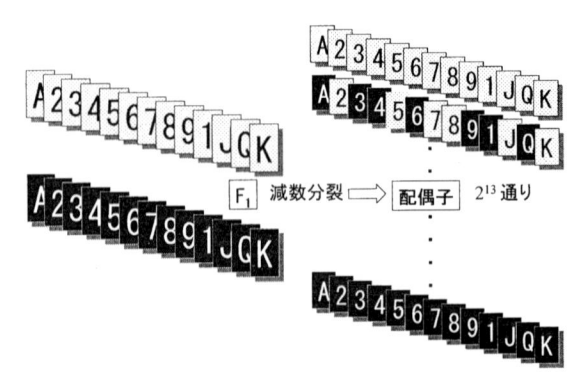

図 4.10 減数分裂による両親由来の染色体（遺伝子）の配偶子での
組み合わせを比喩的に示すトランプのカードの切り混ぜ
絵柄が白，黒2種類のトランプのある種類（たとえばハート）のカード13枚ずつを切り混ぜ（減数分裂），エースからキングまでを1枚ずつ，合計13枚とると，白，黒の組み合わせが2^{13}通りできる．

b. 減数分裂の意義

　減数分裂は，単に染色体の数を半減するというだけではない．体細胞にある母方，父方由来の相同染色体が1本ずつ配分される配偶子は，父，母由来の染色体をいろいろな組み合わせでもつことになる．たとえば，$2n=20$のトウモロコシなら2^{10}の組み合わせがあることになり，これに乗換えを考慮すると，配偶子の両親由来の遺伝子組み合わせは膨大になる．このことは，裏の絵柄が異なる2組のトランプを切り混ぜ，2枚ずつある各種類のカード（ハートのエースからスペードのキングまで）から任意に1枚選んだ52枚一揃いのトランプを想定するとわかりやすい．裏の絵柄は2種類（父，母）が入り混じったさまざまな組み合わせになるが，全種類のカード（染色体）があるのでトランプ（生物）として使える（機能する）（図4.10）．他家受精する植物種では多くの遺伝子座においてヘテロ接合であるので，両親の遺伝子をいろいろな組み合わせでもった配偶子の受精によって遺伝的に多様な子孫が生じ，集団の遺伝的変異はつねに高く保たれる．自家受精する植物種ではすべての遺伝子座においてホモ接合であるので，減数分裂と受精による遺伝的多様性は生じないが，他集団・種との交雑によって生じる雑種の子孫では，減数分裂と受精によっておびただしい数の遺伝子組み合わせが出現する．作物の交雑育種では，このような現象に着目してもっとも育種目標にかなった遺伝子型をもつ系統を選抜する．

4.3 染色体の異常

　細胞分裂で正確に複製され，分配される染色体にも，まれではあるが各種の異常（染色体突然変異，chromosomal mutation）が起こる．染色体突然変異には，大きく分けて，数の変異と構造の変異がある．変異原性のある放射線や化学物質は，染色体異常の頻度を飛躍的に高める．

a. 異数性

　減数分裂の過程で染色体が正常に分離されないと染色体不分離が起こり，配偶子に分配される染色体の数が多かったり，少なかったりする．このような染色体数の異常を異数性（aneuploidy）という．異数性の配偶子が正常配偶子と受精すると染色体が1本少ない一染色体植物（monosomics）や1本多い三染色体植物（trisomics）等の異数体（aneuploid）が生じる．さらには，そのような異数体の自家受精子孫から，染色体を1対欠いた零染色体植物（nullisomics）や1対余分にもつ四染色体植物（tetrasomics）が出現する．異数体は染色体不分離によってまれに自然集団に見出されるが，以下に述べるように，実験的に一連の異数体シリーズを育成することができる．

1) 一染色体植物

　染色体が1本欠落することは，動物だけでなく植物にとっても生存にとってきわめて重大な影響をもつ．ヒトで一染色体状態で生存可能な染色体異常は，X染色体が1本しかない $2n=45$，XO のターナー症候群だけであり，その他の染色体が1本欠けると個体としては生存できない．植物でも二倍体では一染色体植物の生存は不可能である．しかし，染色体セットを4組，6組もつ四倍体や六倍体では（詳しくは4.4節参照），一染色体植物の生存は可能である．六倍体であるパンコムギ（$2n=42$）では，染色体セットを1組しかもたない半数体（$2n=21$）の子孫から一染色体植物系統がつくられている．半数体は相同染色体を1本ずつしかもたないので，減数分裂では21の一価染色体を形成する．一価染色体はランダムに分配されるので，配偶子は $n=0〜21$ の染色体をもつことになり，正常花粉との受精により子孫の染色体数は $2n=21〜42$ になることが期待される．この子孫から21種類の染色体すべてについての $2n=41$ の個体が選抜されている．一染色体は減数分裂で一価染色体となり配偶子に入ったり（$n=21$），入らなかっ

り（$n=20$）するので，この一染色体に座乗する遺伝子の分離がメンデル遺伝の分離比からずれる．このことを利用して特定遺伝子の座乗染色体を決定することができる．パンコムギでは一染色体植物系統の自家受精から染色体が1対欠けた零染色体植物系統が育成されており，特定遺伝子やDNAマーカーが座乗する染色体を直接的に同定することに利用されている．

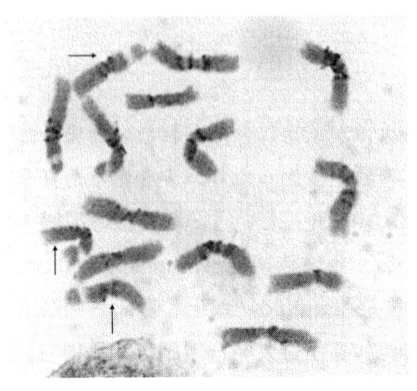

図 4.11 オオムギの三染色体植物のC-バンド分染像
矢印の染色体（6H）が3本ある．

2) 三染色体植物

染色体セットを3組もつ個体を三倍体という（詳しくは4.4節参照）．三倍体の減数分裂では，3本の相同染色体が対合した三価染色体を形成するか，もしくは二価染色体と一価染色体（1本の染色体だけ）を形成するので，配偶子には「1セットの染色体＋余分な染色体」が配分されるので，三倍体と正常個体（二倍体）を交配すると子孫にいろいろな染色体を余分にもつ個体が出現する．このような個体のうち，1本だけ余分な染色体をもつ個体を三染色体植物という（図4.11）．三染色体植物系統の遺伝学における利用は，三染色体に座乗する遺伝子の分離がメンデル遺伝の分離比からずれることを利用して特定遺伝子の座乗染色体を決定することである．しかし，三染色体植物系統を用いて遺伝子分析の行われてきたオオムギやイネを始め，主要な植物種における遺伝子の座乗染色体決定は，多数のDNAマーカーを用いた精密な連鎖地図に基づいて行われるようになっている．

4.3 染色体の異常

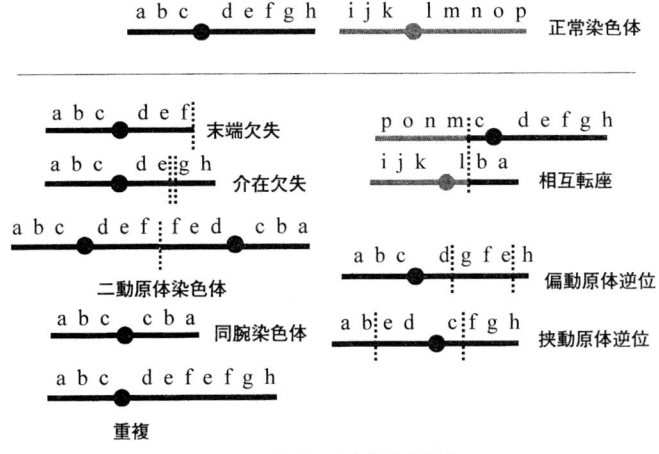

図 4.12 各種の染色体構造異常
点線は染色体切断を表す.

b. 構造の異常

代表的な染色体構造異常は，染色体の一部分が欠落する欠失（deletion，または deficiency），一部余分になる重複（duplication），逆転してつなぎ代わる逆位（inversion），別な場所に移動する転座（translocation）である（図 4.12）．どの構造異常も染色体の切断を伴うが，切断は変異原や組織培養によって頻発するようになる．さらに，パンコムギでは後述するような染色体切断が高頻度に生じる遺伝的メカニズムが明らかになっている．

1）欠　　失

染色体に切断が起こりそこにテロメア構造がつくられると，動原体を有する部分は欠失染色体となり，有しない部分は細胞分裂において娘核に正常にとり込まれず消失してしまう．切断が動原体内で起こると端部動原体染色体になる．切断点にテロメア構造ができる前に姉妹染色分体どうしで融合すると二動原体染色体（dicentric chromosome）ができ，細胞分裂ごとに染色体が架橋，切断，融合，架橋の過程（bridge‒breakage‒fusion‒bridge cycle；BBFB‒cycle）を繰り返す（図 4.13）．切断が動原体内で起こって姉妹染色分体間で融合が起こると同腕染色体（isochromosome）が生じる．切断が同じ染色体腕の 2 か所で同時に起こり，介在部を除いて，染色体が融合すると介在欠失染色体が生じる．

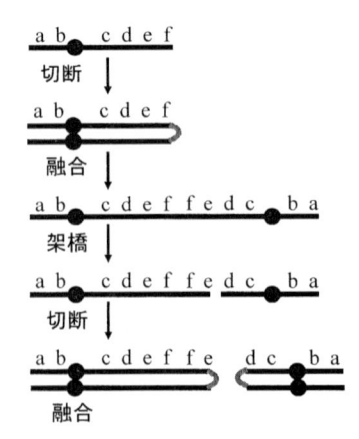

図 4.13 架橋-切断-融合-架橋サイクルの模式図

染色体の切断点にテロメアが形成されないと、切断点は粘着性 (sticky) のままで、染色体の複製後、染色分体の切断点が融合して二動原体染色体となり、分裂後期に動原体間の任意の部位で切断が起こる。切断点は再び融合して架橋を形成し、架橋-切断-融合-架橋のサイクルを繰り返す。

2) 重　　複

　染色体の一部が重複して存在している状態である。遺伝子レベルでは、種子貯蔵タンパク質の遺伝子や rDNA 配列が縦に多数重複していることはよく知られている。縦列重複は、減数分裂において相同染色体がずれて対合し、その結果、不等乗換えが起こるため生じると考えられている。重複による遺伝子のコピー数の増加は、大量の遺伝子発現を可能にしたり、余分なコピーが変化して新規の機能を獲得することを可能にするので、生物進化にとっては重要である。

3) 逆　　位

　染色体に2つの切断が起こり、切断断片が逆向きになって融合すると逆位と呼ばれる構造変異になる。切断点が遺伝子領域にない限り（染色体の大部分は機能する遺伝子領域ではない）、逆位染色体は相同な正常染色体と同じ遺伝子構成をもつ。切断が一方の染色体腕に起こる偏動原体逆位（paracentric inversion）と、動原体を挟んで両方の腕で起こる挟動原体逆位（pericentric inversion）とがある。逆位染色体と相同な正常染色体をもつ逆位ヘテロ接合体では、減数分裂において逆位領域の染色体対合は逆位ループと呼ばれる環状構造になる。逆位ループ内でキアズマが1つ形成されると、配偶子の半分は正常もしくは逆位の染色体をもつが、残りの半分は欠失、重複のある染色体をもつことになる。偏動原体逆位の場合は、二動原体染色体と無動原体染色体が生じ、挟動原体逆位の場合は遺伝子に過不足のある染色体が生じる（図 4.14）。このため、逆位ヘテロ個体では稔性の低下が起こるが、倍数体植物では、ある程度の遺伝子の過不足があっても配

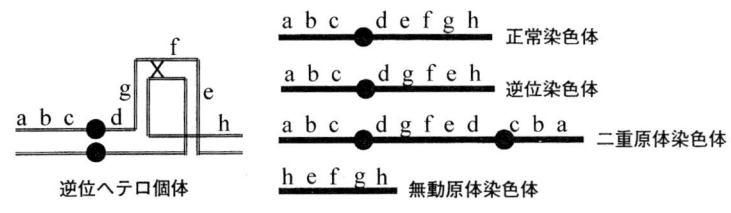

図 4.14 偏動原体逆位ヘテロ接合体における配偶子形成
狭動原体逆位ヘテロ接合体の場合は、読者が考えてみよ．

偶子（とくに卵）は機能する場合がある．いずれにしても、逆位内で起こる組換えは必ず不調和な遺伝子構成になり、組換え染色体は子孫に伝達しにくくなる．結果として、逆位内では実質的に組換えが抑制されることになり、進化的に有利な逆位内の一群の遺伝子は組み換わることなく集団内に保存される．

4) 転　　座

染色体の一部が同じ染色体の別の部分，もしくは，別の染色体に移ることを転座という．非相同染色体間で染色体部分を交換した相互転座（reciprocal translocation）は，遺伝子に過不足を生じないが，相互転座ヘテロ接合体では，逆位と同様に稔性の低下が起こる．転座ヘテロ接合体の第一減数分裂では，相互転座をもつ2本の染色体と正常な相同染色体2本が四価染色体を形成する（図4.15）．四価染色体が後期に分離するとき，対合している隣どうしの染色体が同じ極に向かう隣接分離（2通りある）と別々の極に向かう交互分離がある．交互分離の結果生じる配偶子は全体として調和した遺伝子構成になるが、隣接分離の結果生じる配偶子は遺伝子の過不足を有することになる．隣接分離と交互分離が機会均等に起こるとすれば，相互転座ヘテロ接合体の配偶子の半分が不調和な遺伝子構成をもつことになる．

逆位も相互転座もそれらのホモ接合体は遺伝子構成においても減数分裂においてもまったく正常であるが、ヘテロ接合体になると上述のように稔性の低下が起こる．このような染色体構造異常は，それを有する集団をもとの集団から生殖的に隔離することになり，種の分化の始まりになる．

c. 染色体構造異常を誘発する遺伝子

染色体の切断が特異な遺伝子の作用によって誘発されるメカニズムがパンコムギで明らかになっている．この遺伝子は配偶子致死遺伝子（Gc：gametocidal

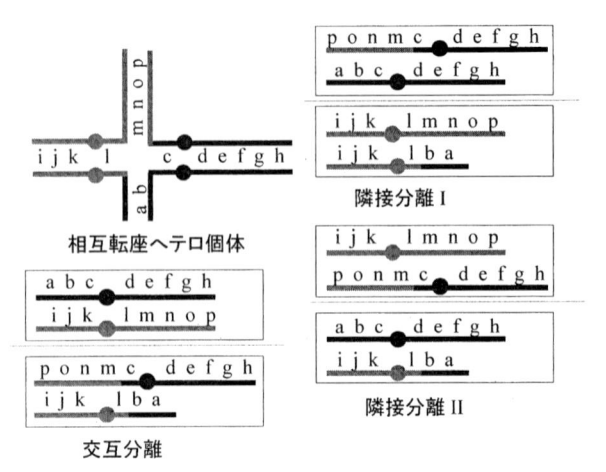

図 4.15　相互転座ヘテロ接合体における配偶子形成

gene）と呼ばれ，パンコムギの近縁野生種の染色体に座乗している．この遺伝子が植物体に存在するとき，この遺伝子を含まない配偶子だけに染色体構造異常が生じる．染色体構造異常をもつ配偶子は致死になるか，受精して染色体構造異常をもつ子孫を生じる（図 4.16）．このため，Gc 遺伝子がヘミ接合（当該遺伝子を1つしかもたない状態）個体の稔性は低下するが，ホモ接合個体では染色体構造異常は起こらず，稔性も正常になる．Gc 遺伝子は，染色体構造の再編成と生殖隔離に関係しているようであるが，その分子的作用機作は不明である．この Gc 遺伝子の染色体構造変異誘発システムは，パンコムギの欠失系統の育成やパンコムギに導入されているライムギやオオムギ染色体に構造変異を誘発する目的に利用されている（図 4.16）．

4.4　倍数性とゲノム

a. 正倍数性

染色体の数の変化には，前述した個々の染色体の増減による異数性のほかに染色体の基本セットごとの増減による正倍数性（euploidy）がある．染色体セットを1つだけもつ個体は一倍体（または半数体），2つもつ個体は二倍体，という．3つ以上もつ個体は，三倍体，四倍体，…といい，ふつうはこれらを倍数体（polyploid）と呼ぶ．動物界では倍数体はまれで，とりわけ哺乳動物では半数体や倍数体は正常に発達できない．しかし植物界では近縁種のグループ内に二倍体

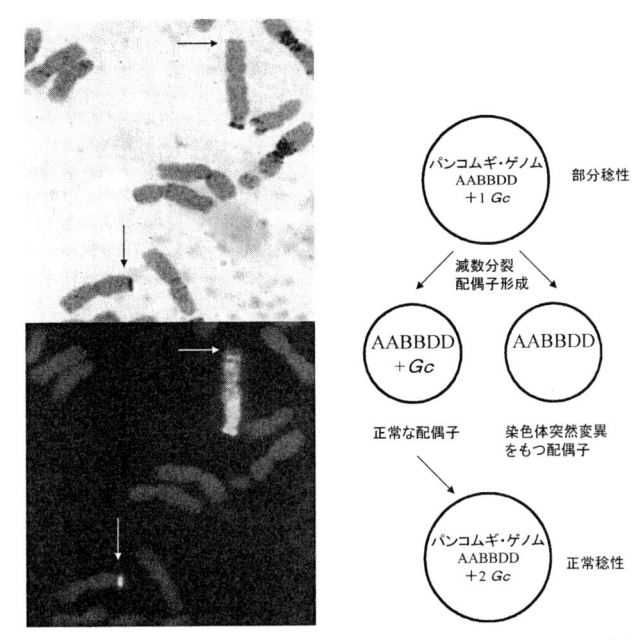

図4.16 パンコムギにおける Gc 遺伝子の作用と Gc 遺伝子によって誘発されたパンコムギとライムギ染色体の相互転座
写真の上はG-バンド分染像，下はライムギDNAをプローブとしたGISH（白く輝いている染色体部分が1R染色体）．矢印の所でパンコムギ7D染色体とライムギ1R染色体が転座している．

種と一連の倍数体種が存在することが多く，人為的にも倍数体を育成することが可能である．倍数体種グループにおいて二倍体種の配偶子がもつ染色体セットをゲノムといい，その染色体数がそのグループにおける基本数となる．単相数（n）と基本数（x）の関係は若干ややこしいが，4.4節c項において一連の倍数体種を含むコムギ属を例にして倍数体種の染色体数の記載のしかたを示したので参照されたい．

「ゲノム」は，Winkler（1920）によってつくられた用語で，配偶子に含まれる染色体セットを意味する．後に木原（1982）は一連のコムギの倍数体研究から，ゲノムを「ゲノムは生命の基本単位である．ゲノムから染色体やその一部が欠落すると配偶子や接合体は生存できないか著しく機能を低下させる」と定義した．その後，ゲノムの概念はさらに普遍化され，原核・真核生物の種が有する遺伝情報全体を表す用語として使われている．

表 4.1 自然界にみられる倍数体の例

種　名（学名）	染色体数（2n）	倍数性（基本数, x）
ジャガイモ（Solanum tuberosum）	48	同質四倍体　（12）
サツマイモ（Ipomea batatas）	90	同質六倍体　（15）
マカロニコムギ（Triticum durum）	28	異質四倍体　　（7）
パンコムギ（Triticum aestivum）	42	異質六倍体　　（7）
エンバク（Avena sativa）	42	異質六倍体　　（7）
タバコ（Nicotiana tabacum）	24	異質四倍体　（12）
ワタ（Gossypium hirsutum）	26	異質四倍体　（13）

b. 倍数体の育成

倍数体には，同一ゲノムで構成されている同質倍数体と異なるゲノムで構成されている異質倍数体がある．それぞれ現存の作物に多くの事例があり（表 4.1），植物育種上も重要である．倍数体はコルヒチンという薬剤の処理によって人為的に育成できる．コルヒチンは紡錘体の形成を阻害するため，染色体複製の後に核分裂，細胞分裂が起こらず，染色体が倍加する．

1）同質倍数体

同一ゲノムを3セットもつ個体を同質三倍体，4セットもつものを同質四倍体

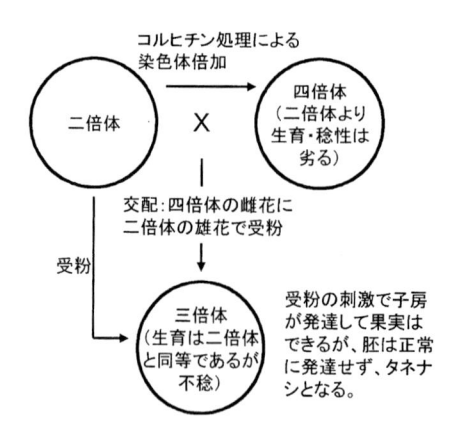

図 4.17　種なしスイカの育成法［木原（1973）を参考］
普通のスイカは $2n = 2x = 22$ の二倍体である．コルヒチン処理により育成した $2n = 4x = 44$ の同質四倍体は，生育は二倍体より劣るが種子稔性はある．スイカは雌雄同株で雄花と雌花をつけるので，この四倍体の雌ずいに二倍体の花粉を受粉すると三倍体の種子ができる（逆の交配で生じた種子は発芽しない）．

という．同質倍数体は，対立遺伝子を3つ以上重複してもつため，ある遺伝子がもとの二倍体でヘテロ接合（たとえば，Aa）であると，倍数体の子孫ではその遺伝子型の種類（同質四倍体なら，AAAA，AAAa，Aaaa，Aaaa，aaaa）が二倍体（AA，Aa，aa）に比べて増えるので遺伝的変異が増大する．同質倍数体の特徴は，大きな果実や厚い葉など組織，器官の大型化と旺盛な生育である（このようにならない場合もある）．また，三倍体のような奇数倍では極端な不稔性が生じる．この不稔性は，減数分裂における相同染色体対合による多価染色体の形成と不規則な染色体の分離による不調和な染色体構成をもつ配偶子の形成に起因する．日本で50年以上も前に開発されたタネナシスイカは，この不稔性を利用している（図4.17）．

2） 異質倍数体

異なる種間の雑種は雑種強勢(heterosis)を表すことが多く，作物として有用である．しかし，一般的に雑種は不稔になるか，稔性があっても子孫で遺伝的な分離が起こるので，雑種の優秀な形質は1代限りとなる．種間雑種の染色体を倍加すると，異なる両親の染色体を1対ずつもつ異質倍数体になる．異質倍数体は，複二倍体(amphidiploid)とも呼ばれ，実質的には二倍体のように二価染色体のみを形成する正常な減数分裂と稔性を示す．異質倍数体の正常な減数分裂と稔性は，倍数体化により新しい種を一足飛びに育成できる可能性を秘める．異質倍数体の人為的な育成には下図のように2通りが可能で，1つは雑種の染色体を倍加する方法で，もう1つはあらかじめ染色体倍加した両親を交雑する方法である．

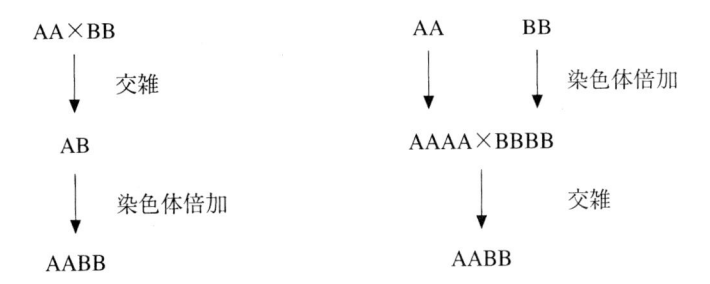

```
    AA×BB                    AA      BB
      ↓ 交雑                  ↓ 染色体倍加 ↓
      AB                    AAAA×BBBB
      ↓ 染色体倍加                ↓ 交雑
    AABB                      AABB
```

古典的な人為異質倍数体の例としては，ロシアの科学者 Karpechenko（1927）が育成したダイコン（*Raphanus sativus*, $2n = 18$）とキャベツ（*Brassica oleracea*, $2n = 18$）の雑種（$2n = 18$）由来の *Raphanobrassica*（$2n = 36$）がある．この雑種は完全な不稔であり，コルヒチンにより染色体倍加した *Raphanobrassica*

は正常な稔性を回復した．残念ながらこの植物はダイコンの根とキャベツの葉をもつことはなかった．作物として実際に利用されている人為異質倍数体には，マカロニコムギとライムギから育成した六倍体ライコムギ（triticale）やハクサイとカンラン（キャベツ）から育成したハクランがある．

　異質倍数体の育成にはゲノムの異なる種間で交雑して雑種を育成することが必須であるが，ゲノムの分化があまりにも大きいと雑種を得ることができない．ところが，体細胞を人為的に融合すれば一足飛びに異質倍数体を育成できる．細胞融合は，減数分裂・受精なしに，プロトプラスト化した体細胞を融合して雑種細胞をつくり，カルス培養を経て植物体を復元する擬似生殖技術である．この技術によってジャガイモとトマトをはじめ，通常の交雑が不可能な組み合わせの体細胞融合雑種が育成された．しかし，それらは完全な不稔で子孫を残すことができなかった．

c. ゲノム分析

　ゲノムの定義はさきに述べた．自然界の多くの植物（30〜80％）は倍数体であると推定されているが，実際に倍数体であることが確定されている種は多くない．種のゲノム構成にどのような倍数性があるかを解明するためには，倍数性の存在が想定される一群の種間での核型の比較と雑種の減数分裂における染色体対合の調査，いわゆるゲノム分析が必要である．木原均博士により行われたコムギ属とエギロプス属のゲノム分析（1930〜1951年）において，ゲノム分析の一般的方法論が図4.18のように示されている．

　ゲノム分析の原理は，①相同染色体は減数分裂において対合して二価染色体もしくは多価染色体を形成する，②基本ゲノムは非相同染色体から構成されている，③相同染色体を共有しない異なるゲノム間では染色体対合はなく一価染色体が形成される，と要約できる．ゆえに，異なる2種のゲノムの遺伝的分化は，その雑種の減数分裂での染色体対合（キアズマの形成）の程度から推定できる．図4.18は二倍体の分析種が明らかになっている理想的な場合のゲノム分析を示しているが，実際には，分析種の一部が不明であったり，ゲノムが分化途上で明確な染色体対合の結果を示さない場合がある．以下にパンコムギの起源を明らかにしたゲノム分析の実際を紹介する．

　コムギ（*Triticum* 属）と呼ばれる一群の植物には，一粒系コムギ（$2n = 2x =$

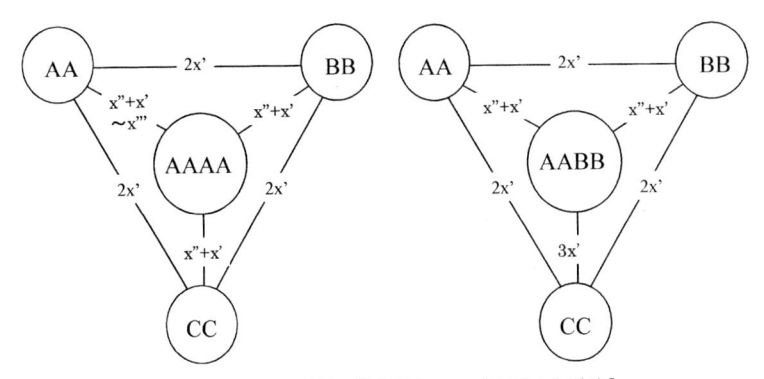

図 4.18 ゲノム分析の模式図 [Kihara (1982) より改変]
基本数 x の同質倍数体（左側）と異質倍数体（右側）の場合を示す．A, B, C はゲノムを表し，x′, x″, X‴ はそれぞれ x 個の一価，二価，三価染色体を表す．

14)，二粒系コムギ（$2n = 4x = 28$，マカロニコムギ類），普通系コムギ（$2n = 6x = 42$，パンコムギ類）という基本数 $x = 7$ の種が存在する．この二倍体，四倍体，六倍体は相互に交雑可能で，それらの雑種は減数分裂で以下のような染色体対合を示した．

一粒系	×	二粒系	$2n = 3x = 21$	7 二価染色体 ＋ 7 一価染色体
一粒系	×	普通系	$2n = 4x = 28$	7 二価染色体 ＋ 14 一価染色体
二粒系	×	普通系	$2n = 5x = 35$	14 二価染色体 ＋ 7 一価染色体

この結果は，① コムギは一粒系コムギのゲノム A を共通にもち，② 二粒系と普通系コムギは A ゲノム以外にもう 1 つの共通のゲノム B をもつ異質倍数体であること，③ 普通系は一粒系にも二粒系にもない普通系すなわちパンコムギ特有の第 3 のゲノムをもつことを示している．このゲノムはパンコムギを表すドイツ語 Dinkel の頭文字から D ゲノムと名づけられた（図 4.19）．この一連のゲノム分析の結果をまとめると以下のようになる．

一粒系コムギ	二倍体	$2n = 2x = 14$	ゲノム構成：AA
二粒系コムギ	異質四倍体	$2n = 4x = 28$	ゲノム構成：AABB
普通系コムギ	異質六倍体	$2n = 6x = 42$	ゲノム構成：AABBDD

後に木原均博士は形態の比較分析から野生のタルホコムギが D ゲノムの親で

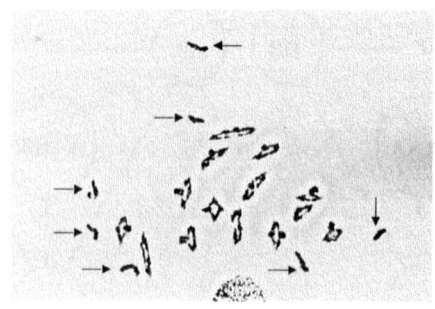

図 4.19 パンコムギとマカロニコムギの雑種（五倍雑種）の減数分裂における染色体対合．二価染色体が 14，一価染色体（矢印）が 7 つ観察される．一価染色体は D ゲノムの染色体である．

あること，さらには，二粒系コムギとタルホコムギの交雑，染色体倍加により形態的にも染色体的にも普通系コムギと同じ植物が得られることを明らかにした．実際，特定の組み合わせの二粒系コムギとタルホコムギの雑種は，減数分裂で 21 の一価染色体を形成し，減数分裂の第一分裂を省略して体細胞と同じ染色体数の $n=21$ の非還元配偶子（unreduced gamete）を生じる．このため，雑種は稔性があり，染色体の倍加した $2n=42$ の子孫が自然に得られる．ゲノム分析によって B ゲノムの親を確定することはできなかったが，葉緑体，ミトコンドリアや核ゲノムの DNA 分析から，現在では，野生種のクサビコムギであるとされている．

〔遠藤　隆〕

5. 植物ゲノムと遺伝子操作

5.1 植物ゲノム

a. 核ゲノム

植物の生存に必要な遺伝情報の多くは核に含まれている．一方，呼吸や光合成に欠くことのできない遺伝情報の一部は，それぞれミトコンドリアと葉緑体に存在する．元来，核，ミトコンドリア，葉緑体のそれぞれに収容される遺伝物質の総体はゲノム，コンドリオーム，プラストームと呼ばれていた．しかし，今日では「ゲノム（genome）」という用語が核のみならずミトコンドリアや葉緑体に含まれる遺伝物質の全体をも示すようになり，核ゲノム（nuclear genome），ミトコンドリアゲノム，葉緑体ゲノムの呼称が一般的に使われている．

植物の核ゲノムの大きさは種によって大きく異なる．被子植物に限ってみても，半数体あたりのゲノムサイズは，最小とされるシロイヌナズナの 125 Mb（1.25×10^8 bp）からバイモ（ユリ科）の 12 万 Mb まで多様であり，1000 倍を超える変動幅がみられる．これは哺乳類のゲノムサイズが一般的に 1000 Mb 台に収まっているのと対照的である．

1) シロイヌナズナとゲノムプロジェクト

ゲノムを構成するすべての遺伝子の働きを知るには，まずあらゆる遺伝子の塩基配列を知らなければならない．また，遺伝子のコード配列のみならず，それらの遺伝子の発現調節領域や現時点では働きの不明な非コード DNA もあわせて解読することによって，その生物のもつ細胞機能の全体像を理解する道が拓かれる．そのような発想に基づいて，1980 年代後半からいろいろな生物のゲノムの全塩基配列を決めるゲノムプロジェクトが始まった．1995 年のインフルエンザ菌全ゲノムの解読を皮切りに，シアノバクテリア，大腸菌などの原核生物のゲノム構造が相次いで決定された．真核生物に関しても酵母，線虫，ショウジョウバエのゲノムが解読され，2001 年にはヒトゲノムの概略が公開された．

表 5.1 シロイヌナズナゲノムの特徴

ゲノムサイズ	125 Mb
ゲノムに占める反復配列の割合	60 %
タンパク質コード遺伝子数	25498
内訳（推定される機能に基づく分類）	
細胞代謝	4009
転写	3018
生体防御	2055
シグナル伝達	1855
細胞成長等	2079
タンパク質消長	1766
細胞内輸送	1472
輸送関連	849
タンパク質合成	730
機能不明	7665
遺伝子密度	4.5 kb に1個
遺伝子の長さ（平均）	1900 bp
イントロンをもつ遺伝子の割合	79 %
ゲノムに占めるトランスポゾンの割合	14 %

　高等植物で最初にゲノムの全構造が決められたのはシロイヌナズナ（*Arabidopsis thaliana*）である．双子葉アブラナ科に分類されるこの植物は，ゲノムサイズが小さいことに加えて，染色体数も少なく（$2n = 10$），また2か月ほどで1世代が完了するので，早くから分子遺伝学のモデル植物として使われてきた．1990年代には日本とEU，アメリカ合衆国の連携の下にゲノム研究プロジェクトが発足し，2000年には全ゲノムの塩基配列が決まった（表5.1）．公表された配列は118.7 Mbで，高度反復配列からなる動原体領域や仁形成体は解析から除かれている．

2) ゲノム構造の特徴

　シロイヌナズナでは100 kbを越える長い配列がゲノムの別の領域に重複してみつかることがしばしばある．これらの領域を合計するとゲノムの60 %にも及ぶ．おそらく進化の過程で，ゲノム全体にわたって倍数体化が起こったのであろう．こうした大規模な重複に加えて，遺伝子が直列に繰り返される例が比較的頻繁に見出されるのもこのゲノムの特徴といってよい．

　シロイヌナズナにおいては，葉緑体，ミトコンドリア両ゲノムの全構造も決定された．3種のゲノムの配列を比べることによって，核ゲノム上には葉緑体やミトコンドリアゲノム由来と考えられる塩基配列の挿入が多数みつかった．

3) ヘテロクロマチン領域

ゲノムプロジェクトにおいては，高度の反復配列（repeated sequence）を含むヘテロクロマチン（heterochromatin）領域は分析の対象とされないことが多い．一方，シロイヌナズナではヘテロクロマチン領域についても物理地図がつくられ，一部の塩基配列が決定された．

シロイヌナズナの2番および4番染色体の短腕に存在するヘテロクロマチン領域には，4種のリボソーム RNA（rRNA）のうち，3RNA 種のコード遺伝子が 18 S-5.8 S-25 S の順番に並び，これを一単位として直列に反復している．この繰り返し配列は 3.5～4.0 Mb にも達する．繰り返し配列の一方の端は末端小粒（テロメア, telomere）につながっている．末端小粒は，ほかの多くの生物種でも共通してみられるように AGGGTTT 配列の繰り返しででき上がっており，そのサイズは 2～3 kb ほどである（4.2 節参照）．

4) 遺伝子構成

ゲノム解読を通じて，シロイヌナズナの遺伝子は約 25000 個と予想された．遺伝子重複がかなり頻繁にみられるので，遺伝子の種類は多くて 11600 種と見積もられている．固有の遺伝子は 35％で，ほかは細菌や動物にも共通して見出される遺伝子である．

植物固有遺伝子としては，細胞壁をつくる多糖類の生産に関わる遺伝子や光合成関連遺伝子，二次代謝産物の生産遺伝子などが挙げられる．また，シグナルを感知して細胞内のタンパク質をリン酸化するタンパク質や転写調節因子などのコード遺伝子の数は，動物に比べてかなり多い傾向にある．その他，シロイヌナズナゲノムが光合成細菌（ラン藻）の遺伝子とよく似た遺伝子を数多く含む点も興味深い．後述するように，葉緑体の起源については，光合成細菌の細胞内共生に求める学説が有力である．シロイヌナズナゲノムの解読結果は，高等植物の核遺伝子の多くが，葉緑体の祖先から現存植物の祖先細胞へ移行した遺伝子に由来した可能性を示している．

b. 葉緑体ゲノム
1) 遺伝子構成

葉緑体は光合成を担う植物固有の細胞小器官（オルガネラ, cell organelle）である．1 個の葉緑体には通常数十分子の環状二本鎖 DNA が含まれており，ゲノ

表 5.2　葉緑体ゲノムの遺伝子構成

	陸上植物	藻　類		
		クロレラ	ユーグレナ	チシマクロノリ
同定遺伝子の数*	105〜113	104	87	183
I.　遺伝情報系				
rRNA	4	3	3	3
tRNA	30〜33	31	27	35
リボソームタンパク質	20〜21	21	21	47
その他	5〜6	6	7	13
II.　光合成系				
RuBisCOとチラコイド膜タンパク質	31〜32	32	27	44
NADH脱水素酵素	11	0	0	0
フィコビリソーム	0	0	0	10
III.　生合成系等	2〜8	11	2	31
ゲノムサイズ (kbp)	121〜156	150	143	191
イントロン数	18〜21	3	155	0

* 同じ遺伝子が重複して存在する場合もあるので，遺伝子の総数はこの数字よりも多い．

ムサイズは 120 〜 160 kb（陸上植物）ほどである．

1986 年に日本の研究グループによって，タバコとゼニゴケの葉緑体ゲノム（chloroplast genome）の全塩基配列が決められた．以来，現在までに 20 を越える植物種で葉緑体ゲノムの全構造が解明された．同定された遺伝子としては，光合成関連遺伝子や遺伝情報の発現（転写，翻訳）に関わる遺伝子が大多数を占める（表 5.2）．その他，アミノ酸や脂質などの生合成に関与する遺伝子もみつかっている．

2）転　　写

葉緑体遺伝子の一次転写産物は原核生物の転写物に似て，5′ 末端にキャップ構造がなく，三リン酸のままである．また，3′ 末端にポリ(A)配列は付加されない．

原核生物との類似性はプロモーターの構造にも認められる（図 5.1）．葉緑体遺伝子の転写開始点上流を調べると，大腸菌の RNA ポリメラーゼの認識する −35 配列（5′-TTGACA-3′，転写開始点を +1 とし，その上流 −35 付近に存在するのでこう名づけられた）と −10 配列（5′-TATAAT-3′，転写開始点の上流 −10 付近に存在する）に似た配列がみつかる．加えて，大腸菌 RNA ポリメラーゼ遺伝子と相同な葉緑体遺伝子も同定されたので，葉緑体遺伝子が転写されるときには原核生物型の制御機構が働くものと想像されていた．ところが，−35 配列や −

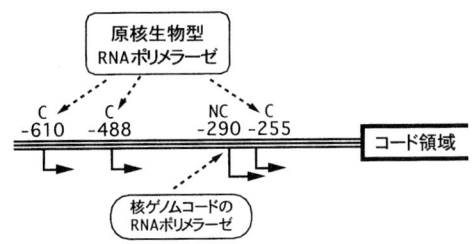

図 5.1 タバコ葉緑体遺伝子 *atpB* の転写調節域
［杉浦（1999）より一部改変して引用］
C は原核生物型 RNA ポリメラーゼで認識されるプロモーター，NC は核ゲノムコードの RNA ポリメラーゼで認識されるプロモーターをそれぞれ示す．数字はタンパク質コード域の 5′ 端を +1 としたときの位置を表す．

10 配列のない葉緑体遺伝子が発見され，さらに葉緑体リボソームの欠損した変異体（つまり，葉緑体ゲノムコードの RNA ポリメラーゼを合成できない）において，一部の葉緑体遺伝子の転写が検出されたので，核ゲノムコードの RNA ポリメラーゼも転写に使われていることが明白となった．

3) 翻　　訳

葉緑体の翻訳装置を構成するリボソーム RNA（rRNA）やトランスファー RNA（tRNA）は大腸菌の RNA と似ている．しかし，翻訳のしくみに関しては，原核生物の場合と異なる点も見受けられる．

たとえば，葉緑体のリボソームは大腸菌リボソームには存在しないタンパク質も含んでいる．また，ほとんどすべての大腸菌 mRNA においては，開始コドンから数えて 5〜9 ヌクレオチド上流にシャイン-ダルガーノ配列（Shine-Dalgarno(SD) sequence, 5′-GGAGG-3′）が存在しており，この配列と 16S rRNA の 3′ 末端配列との相互作用が翻訳開始部位の正確な認識に重要である．一方，タバコ葉緑体ゲノムから転写されるメッセンジャー RNA（mRNA）の 60 % は SD 配列をもつが，残りの mRNA には SD 配列がみつからない．SD 配列を欠く mRNA の翻訳には，固有のシス配列やこれと相互作用をもつタンパク質が働いている．

4) 葉緑体ゲノムの起源

葉緑体とそのゲノムの起源については，1960 年代に細胞内共生説（endosymbiont theory）がはじめて提唱され，異論はあるものの，多くの研究者の支持を

集めてきた．確かに葉緑体遺伝子と細菌遺伝子は構造や発現機構に関して多くの点で似通っている．

　共生説によれば，核膜や小胞体のような膜系が発達した真核生物の祖先種に光合成細菌が共生し，長い進化を経て葉緑体へ姿を変えたと説明されている．原生動物 Cyanophora paradoxa の細胞は，シアネラ (cyanelle) と呼ばれる光合成器官を含むが，シアネラは光合成細菌によく似ており，この原生動物は細胞内共生の初期段階を示す生物とも解釈できる．

　細胞内共生が起こったあとに，葉緑体から核へ数多くの遺伝子が移行したようである．たとえば，葉緑体リボソームを構成する約60種のタンパク質のうち，葉緑体ゲノムのコードするタンパク質は1/3にすぎない．残りのタンパク質は核へ移行した遺伝子の翻訳産物である．光合成関連遺伝子の多くも核ゲノムに含まれており，それらのタンパク質は細胞質で合成された後，特別なしくみを使って葉緑体へ輸送される．

c.　ミトコンドリアゲノム
1)　遺伝子構成

　ミトコンドリアは酸素の存在下で有機物を分解し，そのとき放出されるエネルギーを細胞が利用できる形に変える細胞小器官であり，細胞の発電所にたとえられる．

　哺乳動物のミトコンドリア DNA が約 16 kb の小型で均一な環状分子として単離できるのに対して，植物のミトコンドリアゲノム (mitochondrial genome) はサイズが 200〜2500 kb と大きく，しかも不均一な DNA 分子種から構成される場合が多い．そのため，研究は立ち遅れたが，最近ようやくシロイヌナズナ，テンサイ，イネで全塩基配列が決定された．同定されたミトコンドリア遺伝子は約50種で，酸化的リン酸化や呼吸鎖電子伝達系に関わる遺伝子と遺伝情報発現に関与する遺伝子に大別される．

2)　トランスファー RNA

　研究が進展するにつれて，植物ミトコンドリアに特徴的な現象がみつかった．その1つは葉緑体からミトコンドリアへ移行してきたトランスファー RNA (tRNA) 遺伝子の一部が実際に tRNA をつくり，それが翻訳に使われている点である（図5.2）．しかもミトコンドリアゲノムに含まれる tRNA 遺伝子は18種ほ

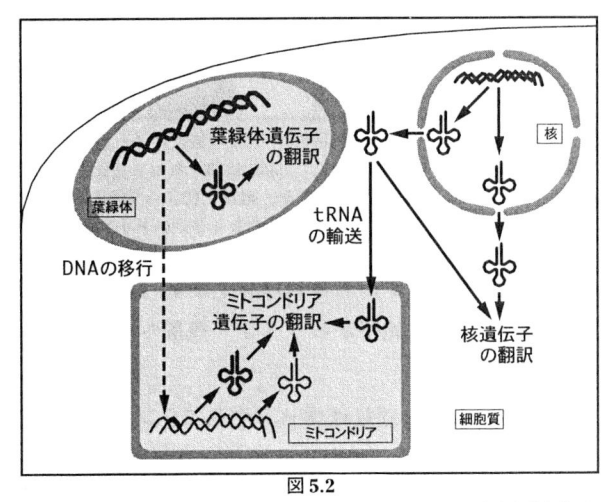

図 5.2
植物ミトコンドリア遺伝子の翻訳には由来の異なる tRNA 分子が使われる.

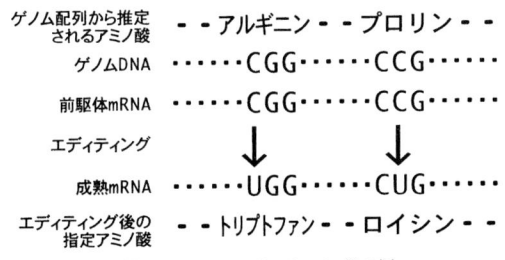

```
ゲノム配列から推定       - - アルギニン - - プロリン - -
  されるアミノ酸
     ゲノムDNA         ······ CGG ······ CCG ······
    前駆体mRNA         ······ CGG ······ CCG ······
    エディティング              ↓           ↓
     成熟mRNA          ······ UGG ······ CUG ······
  エディティング後の    - - トリプトファン - - ロイシン - -
     指定アミノ酸
```
図 5.3 RNA エディティングの例

どにすぎず,タンパク質遺伝子の全コドンを解読するには,核ゲノムコードの tRNA 分子を細胞質からミトコンドリアへ輸送し補わなければならない.この点も,必要最小限の tRNA 分子(22 種)をすべてミトコンドリアゲノムでまかなっている哺乳動物にはみられない特徴である.

3) RNA エディティング(編集)

RNA エディティング(RNA editing)とは,前駆体 RNA が機能をもつ RNA 分子となる過程で,ヌクレオチドの挿入,欠失あるいは塩基の変換が起こり,塩基配列が変わる現象と定義される.トリパノゾーマ(原生動物)のミトコンドリア(とくにキネトプラストという)mRNA で,ゲノム DNA にはコードされていないウリジン(ウラシル(塩基)とリボースが結合したヌクレオシド)残基の挿入が発見されたのが,最初の報告例である.その後,高等植物ミトコンドリアの

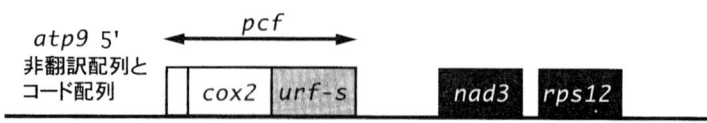

```
     atp9 5'        pcf
     非翻訳配列と  ←――――→
     コード配列   │ cox2 │urf-s│    │ nad3 │ rps12 │
```

図5.4 ペチュニアにおける細胞質雄性不稔性の原因遺伝子 S-pcf の構造
S-pcf は，植物ミトコンドリアゲノムにほぼ普遍的に含まれる2遺伝子 atp9, cox2 の一部の塩基配列と由来不明の塩基配列 urf-S が，組換えによって融合し誕生した遺伝子と考えられている．nad3, rps12 は植物に普遍的なミトコンドリア遺伝子である．

mRNA でも相次いでみつかったが，大多数はシチジン（シトシン（塩基）とリボースが結合したヌクレオシド）残基からウリジン残基への変換であり，まれにその逆反応も観察される（図5.3）．

エディティングが起こるとしばしばコードするアミノ酸が変わってしまうが，その結果アミノ酸配列について，生物種間での保存性が高まることが多い．また，ゲノム DNA にはコードされていない開始コドンや終止コドンがつくられることもあり，遺伝子発現におけるエディティングの役割は大きい．エディティングは tRNA や rRNA の前駆体にも生じ，頻度は低いが葉緑体でもみつかっている．

4) ミトコンドリア変異と細胞質雄性不稔性

ハイブリッド作物の育種に重要な細胞質雄性不稔性（cytoplasmic male sterility）の原因としては，当初細胞質遺伝にしたがうミトコンドリア変異（mitochondrial mutation）と葉緑体変異の2つの可能性が考えられた．原因解明のため，細胞質雄性不稔タバコと正常（可稔）型タバコとの間でプロトプラスト融合が行われ，多数の細胞雑種（cell hybrid）がつくられた．雑種植物の葉緑体 DNA を調べてみると，植物体が雄性不稔性を示すにもかかわらず葉緑体 DNA は正常親タイプであったり，逆に雄性不稔親タイプの葉緑体ゲノムをもつ正常型細胞雑種が生ずることがわかった．こうして葉緑体ゲノムの関与が否定された．

ペチュニアでは，細胞融合実験を通じて，雄性不稔性の原因遺伝子が同定された．細胞質雄性不稔ペチュニアと正常型ペチュニアとの体細胞雑種の分析によって，雄性不稔の雑種には例外なしに存在し，正常型雑種では失われる特定のミトコンドリア DNA 領域がみつかった．この領域には図5.4に示すような融合遺伝子（fused gene）S-pcf が含まれている．その mRNA やコードタンパク質の葯組織での蓄積量は稔性回復核遺伝子が働くと著しく減ってしまうので，S-pcf が原因遺伝子と考えられる（1.4節参照）．

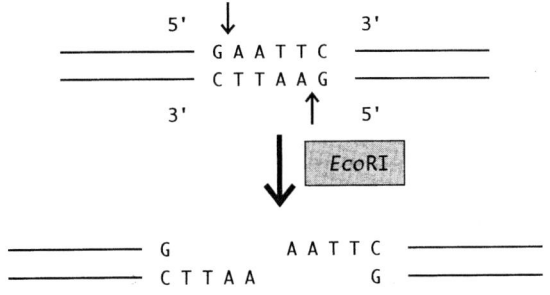

```
         5'  ↓        3'
         G A A T T C
         C T T A A G
         3'  ↑        5'
                ↓   EcoRI

    ─── G         A A T T C ───
    ─── C T T A A         G ───
```

図 5.5 制限酵素 *Eco*RI による二本鎖 DNA の切断
切断された DNA の末端は付着末端となる.

5.2 遺伝子操作と分子育種

a. 遺伝子工学

酵素などを用いて異種の DNA 分子を試験管内で結合し, 得られた雑種分子 (すなわち組換え DNA (recombinant DNA)) を生細胞へ移入する実験を組換え DNA 実験という. この技術の開発により, 特定の遺伝子の純化や増幅を図ったり, 遺伝子に人為的改変を加えることが可能となり, 遺伝子の構造や機能の研究が大きく進展した. また, タンパク質, 食品, 薬品といった有用物質の生産や作物の品種改良など幅広い分野 (遺伝子工学, genetic engineering) での応用も本格化しつつある.

1) 制限酵素

細菌がウイルスなどの外来 DNA の侵入を阻止し, 自分を守るしくみをもつことは古くから知られていた. 1970 年代には自己防御の中心的役割を担う制限酵素 (restriction endonuclease, restriction enzyme) が発見された.

遺伝子工学に使われる制限酵素は, 二本鎖 DNA 上の特定の塩基配列 (多くは 4～6 塩基対) を認識し, 決まった箇所を切断する (図 5.5). 制限酵素には, DNA の二本鎖とも同じ箇所で切断するタイプと, 2 塩基かそれ以上離れた位置でそれぞれの DNA 鎖を切断するタイプが知られており, 前者の酵素で切られた DNA 断片の末端を平滑末端, 後者の酵素により生ずる末端を付着末端と呼ぶ.

2) クローニング

組換え DNA 技術を利用して, 目的の DNA 断片を宿主細胞で大量に増やすことをクローニング (またはクローン化, cloning) (図 5.6) という. 宿主としては,

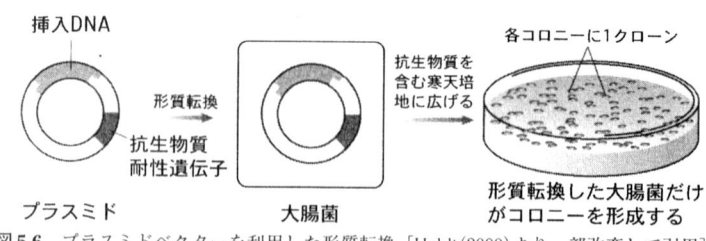

図 5.6 プラスミドベクターを利用した形質転換［Heldt（2000）より一部改変して引用］
抗生物質に対する耐性遺伝子をプラスミドに組み込むことにより，形質転換した大腸菌だけを効率的に選抜できる．

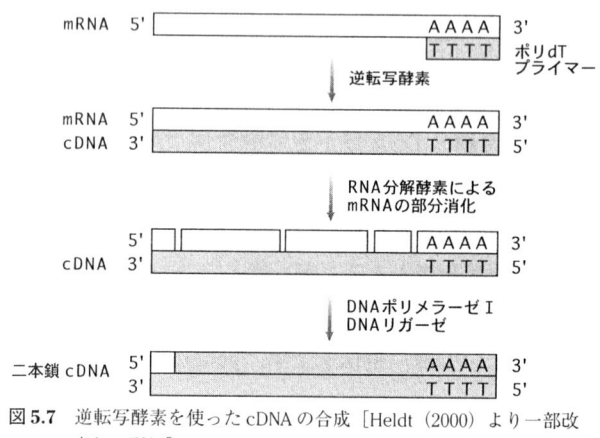

図 5.7 逆転写酵素を使った cDNA の合成［Heldt（2000）より一部改変して引用］

増殖が容易で病原性のない大腸菌が好んで用いられる．一方，DNA 断片を宿主へ運び込む DNA はベクターと呼ばれる．一般に使われるベクターはバクテリオファージ（bacteriophage），プラスミド（plasmid），コスミド（cosmid）等である．

3) ゲノミックライブラリーと cDNA ライブラリー

植物細胞から抽出した DNA を制限酵素で切断し無作為にベクター DNA につなぐことによって，塩基配列の異なる DNA 断片が 1 個ずつ挿入されたクローンの集団ができる．これをゲノミックライブラリー（genomic library）という．ベクターとしては，バクテリオファージ DNA が一般的であるが，ゲノムプロジェクトには 200kb を超す長い DNA 断片のクローン化に適した酵母人工染色体（yeast

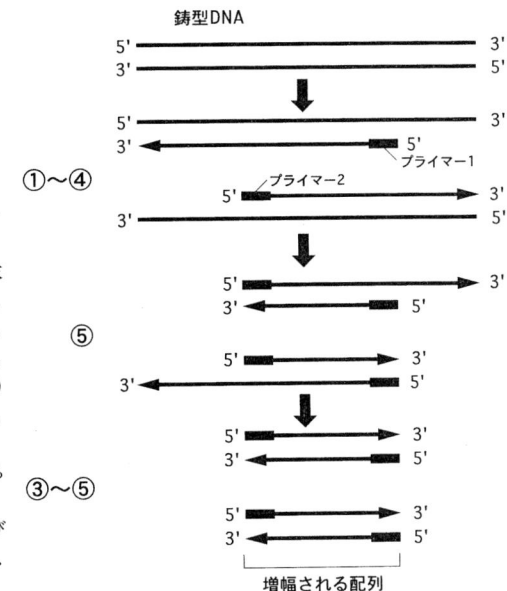

図5.8 PCR法の原理［赤坂（2002）より一部改変して引用］
① 得ようとするDNA配列の5′末端と3′末端に，互いに逆向きのプライマーを合成する．
② 鋳型DNAにプライマーを加えたうえで，熱変性により二本鎖DNAを一本鎖に解離する．
③ 反応液の温度を下げると（たとえば55℃）プライマーが鋳型DNAの相補配列に結合し，TaqポリメラーゼがDNA複製を開始する．
④ TaqポリメラーゼによるDNA複製をさらに進行させる．
⑤ 1回のDNA複製反応が完了したら，再び熱変性により二本鎖DNAを一本鎖に解離する．以降，③〜⑤を繰り返す．

artificial chromosome；YAC）や細菌人工染色体（bacterial artificial chromosome；BAC）が利用されている．

　細胞中に存在するmRNAを鋳型に用い，逆転写酵素を働かせると相補配列からなるDNA（相補DNA（complementary DNA；cDNA））が合成される（図5.7）．その後，不要な鋳型RNAは壊し，残った一本鎖DNAを鋳型にして相補DNAを合成する．得られた二本鎖DNAをクローン化すれば，発現遺伝子だけを集めたライブラリーができ上がることになる．これをcDNAライブラリー（cDNA library）と呼ぶ．

4）PCR法

　PCR（ポリメラーゼ連鎖反応，polymerase chain reaction）法を使うと，クローニングに比べて格段に簡便に，しかも迅速にDNAを増やすことができる．一本鎖の鋳型DNAとこれに相補的なプライマー，さらに4種類のデオキシリボヌクレオシド5′-三リン酸（dNTP）が用意されれば，DNAポリメラーゼの働きで二本鎖DNAを試験管内で合成することが可能である．しかし複製反応はそれ以上進むことはない．充分量のDNAを得るために反応をさらに進めたければ，合成された二本鎖DNAを再び一本鎖化し，各々を鋳型とする複製反応を繰り返さ

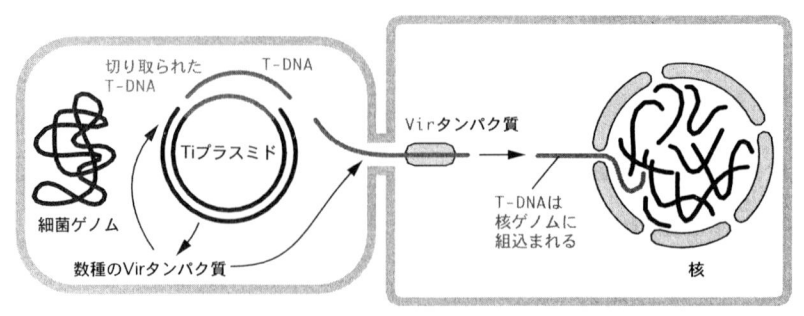

図 5.9 アグロバクテリウムによる植物細胞の形質転換
［Heldt（2000）より一部改変して引用］

損傷を受けた植物細胞から出されるフェノール物質によりアグロバクテリウムのTiプラスミド上にある*vir*遺伝子の発現が誘導される．その結果生じたVirタンパク質によってプラスミド上のT-DNAと名づけられたDNA部分が切り取られ，植物細胞内に移されて細胞核ゲノム中に組み込まれる．

なければならない．

　試験管内で長い二本鎖DNA分子を一本鎖化するには，90℃以上の加熱が必要なので，ふつうのDNAポリメラーゼは失活してしまう．好都合なことに，温泉などに棲息する好熱菌（*Thermus aquaticus*）から耐熱性のDNAポリメラーゼ（Taqポリメラーゼ）が精製された．この酵素は70℃前後で活性がもっとも高く，95℃でも失活しない．図5.8はTaqポリメラーゼを使ったPCR法の原理をまとめたものである．

b. 分 子 育 種

　動植物に異種生物由来の遺伝子を導入して，生物の性質を変える技術をトランスジェニック技術と呼ぶ．この技術を駆使すれば，目的遺伝子だけを既存の品種や優良系統へ導入できるので，短期間にしかも少ない個体数の育種素材から新品種を育成することが可能となる．また伝統的な植物育種で扱える遺伝子の給源は，交配可能な同一種や近縁野生種に限られる．ところが，トランスジェニック技術を利用すると有性生殖の壁を越えて，縁の遠い植物や微生物，動物由来の遺伝子も導入できるという利点がある．

1) Ti プラスミド

根頭がん腫（クラウンゴール）病はアリストテレスの時代からよく知られていた植物の病気である．原因となるアグロバクテリウム（*Agrobacterium*）属細菌が植物へ感染すると，細菌に含まれているプラスミド（Ti プラスミド，Ti plasmid）DNA の一部（T-DNA と呼ばれる）が植物の核 DNA 中に組み込まれ，T-DNA 上の遺伝子が植物細胞で発現する（図 5.9）．T-DNA 上にあるオーキシン合成酵素遺伝子やサイトカイニン合成酵素遺伝子が発現することによって，オーキシン（auxin），サイトカイニン（cytokinin）という植物成長調節物質が細胞内で合成され，その結果，細胞分裂が誘導されて腫瘍形成（カルス化）が起こる．

また，T-DNA 上にはオクトピン（octopine）などの非タンパク質性アミノ酸の合成酵素をつくる遺伝子がコードされており，植物細胞で発現する．これらのアミノ酸は植物には利用価値がないが，アグロバクテリウムにとっては重要な生活の糧となる．

2) トランスジェニック植物

Ti プラスミドは，植物細胞に遺伝子を導入するためのベクターとして広く利用されている．T-DNA の植物核 DNA への組み込みには，T-DNA の両端に配置された 25 bp の反復配列が必要不可欠である．この反復配列だけを残し，間に挟まれた不必要な遺伝子をとり除いた Ti プラスミドが人工的につくられた．

トランスジェニック植物（transgenic plant）をつくるときは，まず 25 bp 反復配列で挟まれた位置に有用遺伝子を挿入した Ti プラスミドをアグロバクテリウムへ戻し，その後このアグロバクテリウムを植物細胞に感染させる．ただし，目的遺伝子の導入された細胞ができても，この細胞から植物体が再生されなければトランスジェニック植物は得られない．さいわい高等植物には，分化した細胞からも完全な植物体が再生されるという，分化全能性が備わっており，この性質を利用してトランスジェニック植物がつくられている．

商業目的で最初につくられたトランスジェニック作物（遺伝子組換え作物）は除草剤耐性作物や耐虫性作物などである．その後，品質や日もちといった特性もトランスジェニック技術の標的となり，さらに最近ではワクチンや医療診断薬を細胞内でつくる作物の開発も進められている．ただ，遺伝子組換え作物については，栽培されたときに周囲の生態系に及ぼす影響や食品としての安全性を充分に検討しなければならない．

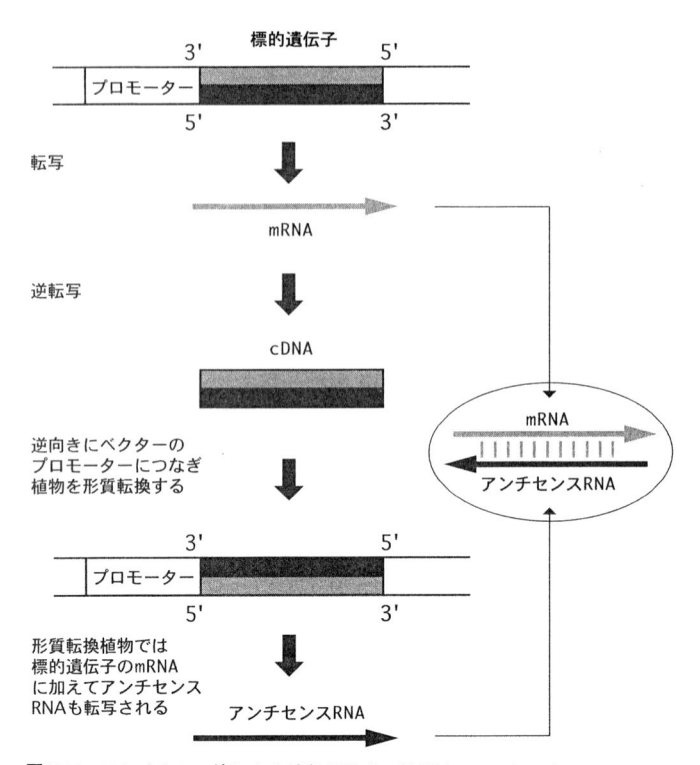

図5.10 アンチセンス法による遺伝子発現の抑制 [Heldt (2000) より一部改変して引用]
標的遺伝子の mRNA とそのアンチセンス RNA は互いに相補的なので，二本鎖 RNA を形成する．この二本鎖 RNA はすぐに分解されるため，標的遺伝子の mRNA が集積せず，結果的に標的遺伝子の発現が妨げられるものと理解される．

c. 逆遺伝学

　従来の遺伝学では，表現型にみられる差異を手がかりに，それを決める遺伝子を割り出し，遺伝子の産物（タンパク質）の解析へと進んでゆくのがつねである．一方，遺伝子操作技術の進歩により，逆遺伝学（reverse genetics）と呼ばれるアプローチが可能となった．

　逆遺伝学においては，まずタンパク質やそのコード遺伝子の構造を決め，さらに遺伝子に改変を加えたうえで培養細胞や生物体に導入することによって，その遺伝子の支配する表現型の解析へ向かう．特定の遺伝子だけが破壊されたノックアウトマウスの研究を通じて，破壊された遺伝子の働きが次々に解明されている

が，これは逆遺伝学の見事な成果といえる．

高等植物においても逆遺伝学の手法が威力を発揮しつつある．アンチセンスRNA（antisense RNA）を利用した例を図5.10に示す．

あるmRNAに相補的な塩基配列をもつRNA，すなわちアンチセンスRNAが細胞内で合成されると，これがmRNAとの間で塩基対を形成し（ハイブリダイズという），リボソームでの翻訳に使えなくなってしまう．この原理を応用して，機能を知りたい遺伝子（DNA）を逆向きにプロモーターにつなぎ，Tiプラスミドを用いて植物体へ導入すると，細胞内では，機能を知りたい遺伝子のmRNAとアンチセンスRNAがともに転写され，その結果機能を知りたい遺伝子の発現だけが特異的に抑えられる．このトランスジェニック植物の表現型を調べれば，発現の抑えられた遺伝子の機能が明らかになるはずである． 〔三上哲夫〕

6. 集団と進化

6.1 遺伝進化学の基礎

集団の進化のしくみ

1) 任意交配集団

　生物学的種（biological species）を生殖的にほかの種から隔離され，その種内では互いに交雑可能である自然集団の集まりである（Mayer, 1963）と定義すると，では自然集団とは何かということになる．集団遺伝学でいう自然集団とは共通の遺伝子供給源を分けもつ個体からなる有性繁殖個体群である（Dobzhansky, 1937）．実際には地理的な理由などでほかの集団から区別されるが，ほかの集団と遺伝子交流がまったくないというような集団は現実的ではないだろう．もっとも純粋に理論的考察の際にはその集団が繁殖単位であり，ほかからの遺伝子流入もなければほかの集団へ個体が移住していくこともないような集団を考えることもある．

　この集団遺伝学的な自然集団の捉え方について，植物で問題になるのはほぼ完全に自家受精をしている植物の集団である．個体間で遺伝子供給源をほとんど共有しないわけで上記の集団の概念にそぐわない．個々の個体が有性繁殖の単位であるからである．しかし，自家受精植物でも100％自家受精しているわけでなく，とくに野生状態では低い率ではあるが他家受精も行っている．したがって，集団遺伝学では自家受精植物を他家受精植物の特殊な場合としてとり扱うことにする．

　集団のある遺伝子座の2つの対立遺伝子A, aを考える．遺伝子型としては3種類AA, Aa, aaが考えられる．3つの遺伝子型の頻度をそれぞれ P_{11}, $2P_{12}$, P_{22}としよう．これらをこの集団の遺伝子型頻度という．もちろん $P_{11}+2P_{12}+P_{22}=1$ である．次いで，この集団中のAとaの頻度について考える．AはAAのすべてとAaの半分であるからAの頻度（p_1）は $p_1=P_{11}+P_{12}$, 同様にしてaの

表 6.1 任意交配集団での交配の組み合わせとその頻度

組み合わせ		頻度	次世代での遺伝子型の頻度		
			AA	Aa	aa
AA×AA		P_{11}^2	1	0	0
	Aa	$2P_{11}P_{12}$	1/2	1/2	0
	aa	$P_{11}P_{22}$	0	1	0
Aa×AA		$2P_{11}P_{12}$	1/2	1/2	0
	Aa	$4P_{12}^2$	1/4	1/2	1/4
	aa	$2P_{12}P_{22}$	0	1/2	1/2
aa×AA		$P_{11}P_{22}$	0	1	0
	Aa	$2P_{12}P_{22}$	0	1/2	1/2
	aa	P_{22}^2	0	0	1

頻度 (p_2) は $p_2 = P_{12} + P_{22}$ となる.これら p_1, p_2 をそれぞれ A,a の遺伝子頻度と呼ぶ.今この遺伝子組成をもった集団が集団内ででたらめに交配(任意交配)すると考える.AA×AA の組み合わせは P_{11}^2 の頻度で生じ子孫はすべて AA となる.これらをすべての組み合わせについて考えると表 6.1 のようになる.次世代の AA の頻度 (P_{11}') は $P_{11}^2 + 1/2 \cdot 2P_{11}P_{12} + 1/2 \cdot 2P_{11}P_{12} + 1/4 \cdot 4P_{12}^2 = (P_{11} + P_{12})^2 = p_1^2$ となり,同様に aa の次世代の頻度 (P_{22}') は p_2^2 となる.また次世代のヘテロ接合の頻度 ($2P_{12}'$) は $2p_1p_2$ となる.したがって次世代の A,a の頻度 (p_1', p_2') はそれぞれ $p_1' = p_1$, $p_2' = p_2$ となる.つまり,任意交配集団では ① 遺伝子頻度は変化しない.② 遺伝子型頻度は遺伝子頻度を二項式展開した形に表せる.この結果は Hardy(1908)と Weinberg(1908)が独立にみつけた法則であり Hardy-Weinberg の法則と呼ばれているものである.

ここで考えた集団は突然変異を起こしていない,他の集団との間に移住がない,自然淘汰は働いていない,集団は後に考える遺伝的浮動が働かないほど十分に大きい集団であるなどの仮定をしたことを指摘しておこう.自然集団ではこれらの要因がすべて働いているのである.

2) 近親交配

上記の任意交配からずれる 1 つの要因は交配がでたらめではないことである.実際の集団では血縁関係にあるがゆえにより高い確率で交配する近親交配 (inbreeding) と表現型がより似ている,またはより違うものどうしが交配する選択交配 (assortative mating) がある.近親交配はそれが起こるとすべての遺伝子座でその影響が現れるという点で,関与する遺伝子のみが影響を受ける選択交

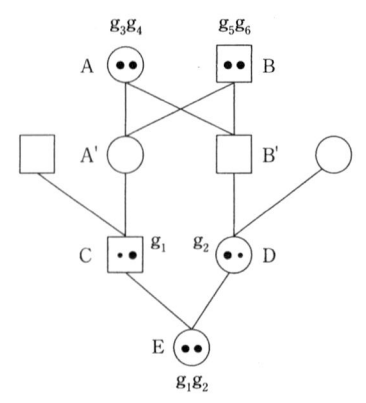

図 6.1 いとこ結婚の子の近交係数

配と異なる．

　近親交配を考えるにはまず血縁の濃さを表すパラメータを定義する必要がある．近交係数（inbreeding coefficient）は集団の個体について定義される係数で，個体がある遺伝子座でもっている2つの遺伝子が世代をさかのぼって同じ共通の祖先遺伝子から由来する確率と定義される．また，近縁係数（coefficient of parentage）は集団の2個体について定義される係数で2個体から任意に1つずつの遺伝子をとり出したとき，それら2つの遺伝子がさかのぼって同じ共通の祖先遺伝子から由来する確率と定義される．今，図6.1のいとこ結婚の場合を考えよう．個体Eの2つの相同遺伝子（相同染色体上の同じ位置に座乗する2つの遺伝子）g_1, g_2の共通の祖先親としては個体AとBがあり，共通の祖先遺伝子としては g_3, g_4, g_5, g_6 の可能性がある．Eの2つの遺伝子のうち g_1 がC，g_2 がDからきたとしよう．g_1 は確率1/2でA'から来ており，さらにその1/2の確率でAから由来している．同じように g_2 は1/2×1/2の確率でAから来ている．g_1, g_2 がともにAから来る確率は1/4×1/4=1/16であるが，さらにこのうち1/2の確率で同じAの遺伝子 g_3 または g_4 から由来し，残りの確率1/2で別の遺伝子から由来する．同じ論議を共通祖先親Bにもあてはめると，Eの近交係数は1/16×1/2+1/16×1/2=1/16となる．つまり，いとこ結婚の結果生まれた子供の近交係数は1/16となる．上記の説明から明らかなように，いとこ間の近縁係数はまた1/16である．一般に近縁係数がfの個体間に子供が生まれればその子供の近交係数はfである．また，集団の近交係数は集団中の個体の近交係数の平均である．

一般にある個体の両親が共通の祖先親 $A_1, A_2, \cdots, A_k$ をもち,祖先親は両親のそれぞれから数えて $m_1, m_2, \cdots, m_k$ および $n_1, n_2, \cdots, n_k$ 世代前の個体であり,かつ祖先親は近交係数 $f_1, f_2, \cdots, f_k$ をもつとするとこの個体の近交係数は $f = \sum_{i=1}^{k} (1/2)^{m_i + n_i}(1+f_i)/2$ で与えられる.

さて A, a の遺伝子頻度はそれぞれ p_1, p_2 である集団が近交係数 f の近親結婚を行っていたとすると,この集団での遺伝子型はどのように表されるであろうか.遺伝子型 AA は1つの遺伝子が A (p_1 の頻度である)で両方の遺伝子が共通の祖先遺伝子から来ている場合(確率 f で起こる)と2つの遺伝子は共通の祖先遺伝子から来ていない ($1-f$) が偶然両方とも A であった場合に生じる.よって, $P_{11} = fp_1 + (1-f)p_1^2$ である.同様に, $P_{22} = fp_2 + (1-f)p_2^2$ である.またヘテロ接合の頻度 $2P_{12}$ は2つの遺伝子が共通の祖先遺伝子から由来していないときだけ生じ,一方が A, 他方が a であるから $2P_{12} = 2(1-f)p_1 p_2$ となる.これらの式を f を含む項と含まない項に分けて書き直すと

$$P_{11} = fp_1 + (1-f)p_1^2 = p_1^2 + fp_1p_2$$
$$2P_{12} = 2(1-f)p_1 p_2 = 2p_1p_2 - 2fp_1p_2$$
$$P_{22} = fp_2 + (1-f)p_2^2 = p_2^2 + fp_1p_2$$

となる.つまり任意交配の時に比べてホモ接合は fp_1p_2 だけ増加し,ヘテロ接合は $2fp_1p_2$ 減少する.

3) 集団の分割と固定化指数

次にある集団が n 個の部分集団に分割されており,それぞれの部分集団内では交配は任意であるとしよう.計算を簡単にするため各部分集団の大きさは等しいとする.この仮定は容易にとり除くことができ,部分集団の大きさが $w_1, w_2, w_3, \cdots$ 等であれば平均をとるとき $w_1, w_2, w_3, \cdots$ 等で重みづけをして平均をとればよい.部分集団 $1, 2, \cdots, n$ における A の遺伝子頻度を $p_1, p_2, \cdots, p_n$ とする. k 番目の集団でのヘテロ接合の頻度は $H_k = 2p_k(1-p_k)$ であり,全集団を1つの集団と考えると,この集団でのヘテロ接合の頻度は $H = 1/n \sum_{k=1}^{n} 2p_k(1-p_k)$ である.

今,部分集団間の遺伝子頻度のばらつきを遺伝子頻度の分散 (V_p) で測ると, $\bar{p} = 1/n \sum_{k=1}^{n} p_k$ として $V_p = 1/n \sum_{k=1}^{n} (p_k - \bar{p})^2 = 1/n (\sum_{k=1}^{n} p_k^2 - n\bar{p}^2)$ であるから

$$H = 2/n (\sum_{k=1}^{n} p_k - \sum_{k=1}^{n} p_k^2) = 2(\bar{p} - V_p - \bar{p}^2)$$
$$= 2\bar{p}(1-\bar{p}) - V_p$$

$$= 2\bar{p}(1-\bar{p})[1-V_p/\bar{p}(1-\bar{p})]$$

となる．集団の任意交配からのずれを $H=2(1-F)\bar{p}(1-\bar{p})$ となるような F (Wright の固定化指数）で測ったとすると集団が部分集団に分かれていることにより，ヘテロ接合は減少し，近交係数 $F=V_p/\bar{p}(1-\bar{p})$ で近親結婚をしている集団と同じだけヘテロ接合が減少することになる．

実際の野外自然集団で複雑な構造をもった集団を1つの任意交配集団だと誤って解析すると上記のような集団の分割の効果によるヘテロの減少（これを Wahlund 効果という）を観察することになる．部分集団がさらに細かい部分集団に分かれているときの場合などは，木村（1960），Wright（1968等）を参照せよ．

4) 自然淘汰による遺伝子頻度の変化

Darwin と Wallace によって提唱された自然淘汰（natural selection）の概念は生物進化にとってもっとも重要な要因であると考えられてきた．

ある環境の下では遺伝子型によって生存力が異なり，より適したものがより多く生き残り集団の遺伝子頻度を変えていく．新しく生じた突然変異も多くはそれが生じた環境の下では適応的ではなく消失していく．ただ非常にまれに自然淘汰にとって有利な突然変異は頻度を高め，ついには既存の変異にとってかわることになる．

しかし，1970年以後の分子レベルでの変異の研究により集団中に存在する多くの変異は自然淘汰にとって有利でも不利でもない変異であることが明らかになった．これらは後に述べる遺伝的浮動によって遺伝子頻度がでたらめに変化し，運のよい変異は生き残り，運の悪い変異は集団から消失していくという自然淘汰によらない進化（Kimura, 1968 の neutral theory of evolution; King and Jukes, 1969 の non Darwinian evolution）も遺伝子頻度の時間的な変化という面からみると非常に重要な進化の要因であることを示している．後に詳しく述べることにする．

自然淘汰の下での集団の遺伝子頻度の変動の研究は集団遺伝学の創始者である Wright, Fisher, Haldane らによって1920年代になされた．任意交配している集団で，対立遺伝子 A, a の頻度を p_1, p_2 とし，各遺伝子型 AA, Aa, aa がどれほど多くの子孫を残すかを相対的に測った値を適応度 w_{11}, w_{12}, w_{22} で表す．すると，遺伝子頻度の変化 Δp_1 を与える式は

$$\Delta p_1 = p_1 p_2 \{p_1(w_{11}-w_{12}) + p_2(w_{12}-w_{22})\}/\bar{w}$$

6.1 遺伝進化学の基礎

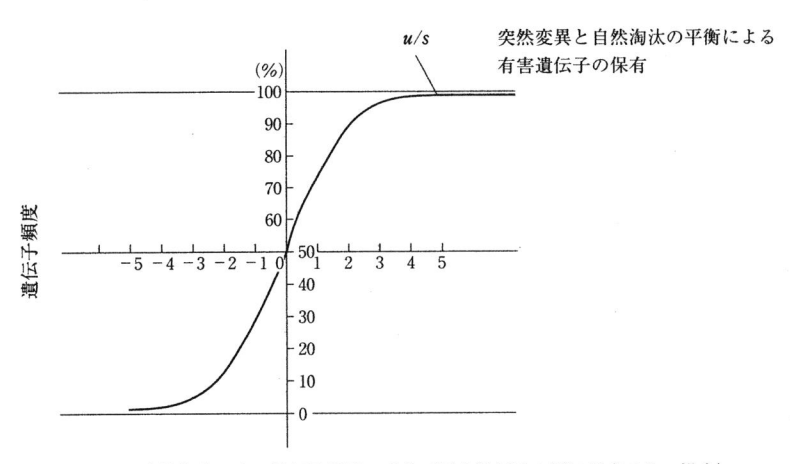

図 6.2 自然淘汰による遺伝子頻度の変化（対立遺伝子の間に優劣のない場合）
［木村(1960)より改変］
世代は $1/s$ を単位として表示．

ここに，$\bar{w}$ ($=p_1^2 w_{11} + 2p_1 p_2 w_{12} + p_2^2 w_{22}$) は集団の適応度と呼ばれる値である（たとえば木村，1960 を参照せよ）．多くの場合微分方程式で近似し，解を得る．たとえば，s を選択係数として 3 つの遺伝子型の適応度をそれぞれ $w_{11}=1$，$w_{12}=1-s$，$w_{22}=1-2s$ とした場合，遺伝子頻度の変化を与える式は $\Delta p_1 = sp_1p_2/(1-2sp_2)$ となり，$dp_1(t)/dt = sp_1p_2(1-p_2)$ の微分方程式を初期条件 $p_1(t=0) = p_1(0)$ で解くと

$$p_1(t) = \cfrac{1}{1 + \cfrac{1-p_1(0)e^{-st}}{p_1(0)}}$$

という解を得る．これを図示すると図 6.2 のようになる．自然淘汰にとって有利な遺伝子は急速に頻度を増し，遺伝子頻度 1 に近づく．1 にきわめて近くなるとこの有利な対立遺伝子からほかの対立遺伝子への突然変異 u が低い率ではあるが無視できなくなり，突然変異と自然淘汰の間に平衡状態となり，自然淘汰に不利な遺伝子も u/s という遺伝子頻度で集団中に存在しうるのである．これが有害遺伝子の自然淘汰と突然変異の平衡による維持であり，植物ではクロロフィル異常などの有害遺伝子は集団中に 0.001〜0.005 の頻度で観察されるのである．詳しい論議は Crumpacker (1967)，Ohnishi (1982) などを参照．

また，この自然淘汰のモデルで w_{11}, w_{12}, w_{22} のうち，w_{12} が一番大きいとき（これを集団遺伝学では超優性という．たとえば $w_{11}=1-s$, $w_{12}=1$, $w_{22}=1-t$）には集団は自然淘汰による平衡に達して，遺伝子頻度は $p_1=t/(s+t)$, $p_2=s/(s+t)$ である（たとえば木村，1960 をみよ）．

5) 自然淘汰による量的形質の変化

自然淘汰はポリジーンが関与している量的形質にも働く．どういう表現型がより適応的であるかによって量的形質の選択はしばしば次のように分けられる．

① 安定化選択（stabilizing selection）：平均的な個体が選択に有利である場合．

② 指向性選択（directional selection）：大きいとか，含量が多いとかの，ある方向の極端な形質をもった個体が有利である場合．

③ 分断選択（disruptive selection）：両極端の形質をもった個体が選択に有利な場合．

この中で指向性選択のみが量的形質のポリジーン支配の理論とあいまって理論的にもまた多くの育種学的実例，実験的実例によって選択の効果が予測され，また観察されている．

量的形質は遺伝的に決定される部分と環境によって決められる部分とがあり，それらは線型的に（足し算の形で）働くと考え，遺伝子型 A_iA_j の量的形質が $y_{ij}=x_i+x_j+d_{ij}+e_{ij}$ と表されるとする．するとその分散は環境と遺伝子型の間に相関がないとすると，$\sigma_P^2=\sigma_G^2+\sigma_E^2$ と表され，このうち遺伝的な部分は個々の遺伝子の相加的作用によって決まる部分 x_i+x_j と遺伝子座内の2つの遺伝子の優劣作用によって決まる部分 d_{ij} と遺伝子間の相互作用によって決まる部分に分けられる．多くの遺伝子座が関与していると考えられるから $\sigma_G^2=\sigma_A^2+\sigma_D^2+\sigma_I^2$ の形に書くことができる．

このような遺伝的変異をもっている集団に図6.3に示す指向性選択が働いたとする．すると $Y_R-Y_S=h^2(Y_P-Y_S)$ となることが示される（たとえば木村，1960をみよ）．ここに，h^2 は狭義のヘリタビリティ（遺伝率，遺伝力）と呼ばれる量で $h^2=\sigma_A^2/\sigma_P^2$ である．また，$\Delta G=Y_R-Y_S$ は遺伝的獲得量（genetic gain）と呼ばれる量で選抜によってどれだけ改良されたかという量である．$\Delta G=h^2(Y_P-Y_S)$ は $I=Y_R-Y_S=i\sigma_T=z/S$ を用いて $\Delta G=h^2I$ とも書ける．このような選抜を t 世代続けていくとヘリタビリティが変化しない（選抜の結果遺伝子組成が変化するからこの仮定は現実にはありえないが，変異量が多く選抜による変化が小さい場合

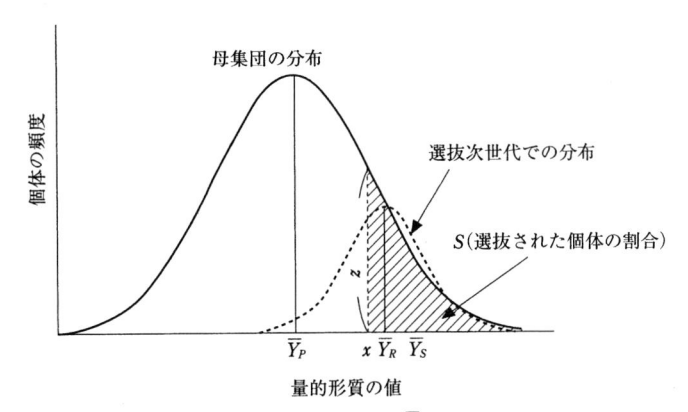

図 6.3 任意交配する集団の正規分布（平均 $\bar{Y}_P$ 分散 σ_T^2 の正規分布）する形質の集団選抜

形質の値が x 以上の個体（全体の S の割合）を選抜し，個体間で任意交配を行い次世代を得る．$\bar{Y}_P$ は母集団の平均，$\bar{Y}_S$ は選抜された集団での平均，$\bar{Y}_R$ は選抜次世代の平均，x は選抜の基準となった値，z は選抜基準の値をもつ個体の正規分布での密度．

は近似的にこの仮定があてはまる）という仮定のもとでは $\Delta G = t\, h^2 I$ となる．したがって強さ (S) の選抜を t 世代行って ΔG の獲得量を得たとするとこれから逆にヘリタビリティを推定できる．こうして推定されたヘリタビリティを実現されたヘリタビリティ（realized heritability）という．狭義のヘリタビリティは集団におけるその量的形質の分散の分割（それは多くの場合近親間の相関を利用して分割される）が完全に行われれば推定が可能であるが，分割が不完全で環境分散と遺伝的分散が分けられただけのときは $h^2 = \sigma_G^2/\sigma_T^2$ の推定だけが可能になりこれから遺伝的獲得量を推定することになる．この $h^2 = \sigma_G^2/\sigma_T^2$ を広義のヘリタビリティという．近親間の相関を利用した量的形質の分散の分割については Kempthorn（1955），Falconer（1960）などを参照せよ．

　集団がある量的形質について遺伝的変異が存在するということは遺伝的分散が存在するということで選択が加えられればその集団の平均は上昇（または下降）の反応を示すはずである．図6.4はトウモロコシのタンパク質含量の人為選抜による変化の例を示したものである．

　自然集団ではある量的形質が環境要因に対して傾斜（cline）を示すことがある．多くの栽培植物では，緯度が北に行くほど，あるいは標高が高くなるほどより早生の在来品種がみられることが知られている．この現象は遺伝的変異に異な

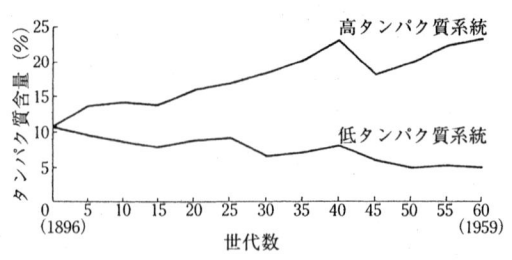

図 6.4 人為選抜によるトウモロコシにおけるタンパク質含量の変化（イリノイ農業試験所における結果）
［Hancock（1992）より改変］

った程度の温度，日長による選択圧が働いた結果だと説明されている．また，鉱山跡地における銅などの重金属抵抗性でも傾斜がみられるが，この場合は異なった程度の自然淘汰の結果とも説明されるが，選択の働いている部分集団と働いていない部分集団間の個体の移住でも説明できる．

6） 遺伝的浮動による遺伝子頻度の変化

1960年代の後半から自然集団における酵素多型やDNAレベルでの変異の分析がなされた．観察される遺伝的変異はそれまで研究されてきた形態の変異や病気抵抗性，耐寒性などの生理形質とは異なり，自然淘汰がその形質に働いているかどうかを実験的に証明することができないほどわずかな影響しか受けないことが明らかになった．倍数性や逆位などの染色体レベルでの突然変異を別にするとDNAの塩基置換である点突然変異もまた多くは自然淘汰の影響を受けるかどうか不明であるものが大部分であるという結論になった．

ではそのような自然淘汰に関して有利でも不利でもない中立的な突然変異はどのような要因によって遺伝子頻度が変動するのであろうか．

本章の最初に述べたHardy–Weinbergの法則によれば，もし集団が十分大きければ遺伝子頻度は任意交配でも近親交配でも変化しない．しかし，自然集団の個体数は大きくないことも多い．集団の個体数は小さいと遺伝子頻度はチャンスによって増えたり減ったりする．この遺伝的浮動（genetic drift）の現象は集団遺伝学の創設時から重要な問題であったが，その理論的（数学的）とり扱いが難しく部分的にしか解明されなかった．しかし，Kimura（1955）によって解が与えられ，その後多くの問題が遺伝的浮動によって説明されるようになった．

図6.5は大きさNで初期の遺伝子頻度が0.5（a），または0.1（b）の集団が任

6.1 遺伝進化学の基礎

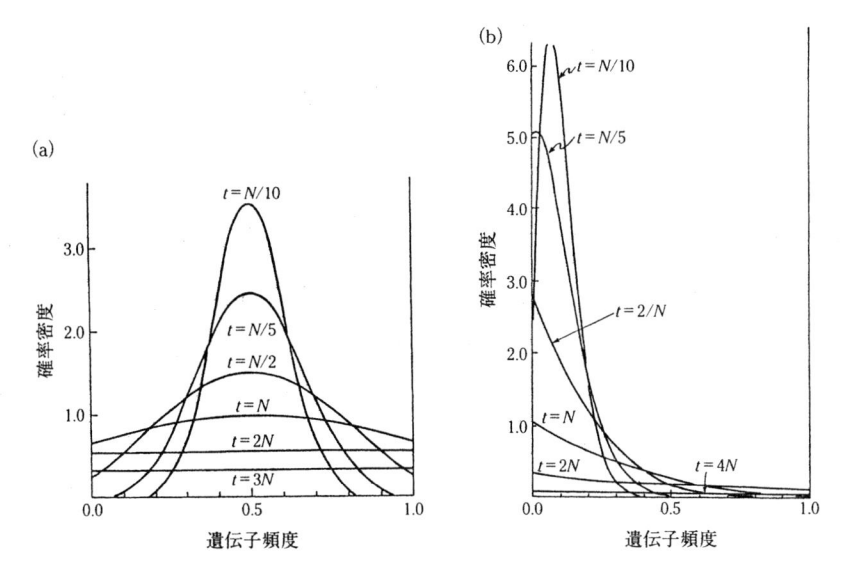

図 6.5 配偶子の任意抽出に伴う遺伝子頻度の機会的変動の過程［木村（1960）より改変］
時間的経過に伴う遺伝子頻度の確率分布の変化．遺伝子の初期頻度は（a）では 0.5，（b）では 0.1．N は集団の大きさ，t は世代数（N を用いて表示）．

意交配を繰り返していったときに遺伝子頻度が確率的にどのように変化するかを示した図である．遺伝子頻度が p である N 個体の集団は頻度が p で雄，雌の配偶子をつくる．次の世代は N 個の雄の配偶子と N 個の雌の配偶子が任意に選ばれ，N 個の接合体をつくると考える．すると次世代での遺伝子頻度が $q = x/2N$ となる確率は次の二項分布で与えられる．

$$g(x/2N) = \binom{2N}{x} p^x (1-p)^{2N-x}$$

さらに次の世代では遺伝子頻度 $x/2N$ が確率 $g(x/2N)$ で生じ，それぞれの頻度で上記と同じような二項分布を示し，次世代の遺伝子頻度の分布はそれらをすべての $x(0, 1, \cdots, 2N)$ についてまとめたものであり，数学的表現が難しいことが理解できよう．

その過程を図示したのが図 6.5 である．既に Wright（1931）によって指摘されていたことであるが，集団は $t = N$ 世代経過すると，どの遺伝子頻度である確率もほぼ均しくなり，その頻度は毎代 $1/2N$ の割合で減少し，その半分は遺伝子頻度 0 になり（消失する），ほかの半分は 1 になる（固定する）．集団はこの遺伝的

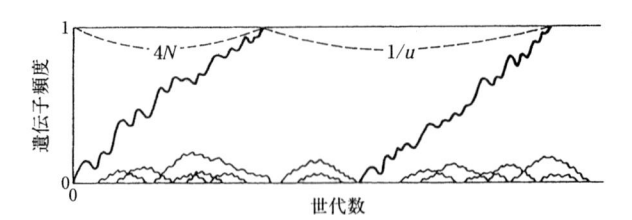

図 6.6 有限集団における中立的対立遺伝子の遺伝的浮動による運命
[Crow and Kimura (1970) より改変]
大部分の対立遺伝子は消失するが,運のよい対立遺伝子は確率 $1/2N$ で集団中に固定する.固定に要する世代数は平均 $4N$,次の固定が起こるまでの世代数は $1/u$ である.

浮動の過程で徐々に遺伝的変異を失い,最終的には遺伝子頻度は 0 または 1 になる.遺伝子頻度 p から出発すると確率 p で遺伝子頻度 1 になり確率 $(1-p)$ で遺伝子頻度 0 となる.

自然淘汰に中立である突然変異がどのような運命をたどるかは Kimura (1968) の進化の中立説の根幹をなすものである.上記の確率過程の研究の結果からその運命が予測可能となった.大きさが N の集団で新しく生じた突然変異のあるものは早急に集団から消失していく,しかし運のよい突然変異は図 6.6 に示すように頻度が高くなり,ついには集団すべてがこの突然変異に固定してしまう.新しく生じた突然変異が上記のように運よく固定される確率は $1/2N$ である.そしてこの突然変異が生じてから固定するまでに要する平均の世代数は $4N$ 世代であることが知られている.また,このような新しい突然変異による固定が起こった後,次の固定が起こるまでの世代数は $1/u$ である.ここに,u は突然変異率である.したがって,単位時間にこのような突然変異の固定が起こる確率は u である.いい換えれば中立な変異の進化速度は突然変異率に等しく集団の大きさには依存しない.

新しく生じた突然変異が運よく頻度を高めると固定するまでの間は遺伝的多型の状態にある.したがって図 6.7 に示すように,大きな集団の方が小さい集団よりもより多型である.期待されるヘテロ接合性は $He = 4Nu/(4Nu+1)$ である.この理論値は多くの N の値に関して,現実の観測値と合うことが知られている.自然淘汰の下では安定した多型現象が生じるのはヘテロ接合が両ホモ接合より適応度が高い超優性のときであった.変異が中立であると多型現象が遺伝的浮動によって生じることになる.

6.1 遺伝進化学の基礎

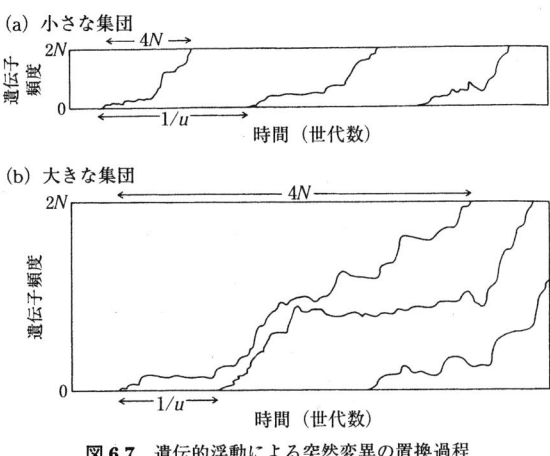

図 6.7 遺伝的浮動による突然変異の置換過程
[Crow and Kimura（1970）より改変]

　遺伝的浮動は集団の大きさが有限である限りつねに働いているのであるが，その影響の大きさは集団が非常に小さい場合には顕著となる．集団の個体数が急激に減少する際に受ける遺伝的浮動の影響をとくにびん首効果（bottleneck effect）という．また新しい集団がもとの大きな集団から離れて，離れ島などの新しい土地に創設されるときにも創始集団の大きさは通常小さいと考えられるから，遺伝的浮動の影響を強く受ける．これを創始者原理（founder principle）と呼んでいる．

　ここで強調したいのはびん首効果，創始者原理ともに集団の個体数が小さくなった当代だけ遺伝的浮動は働くのではないということである．集団の個体数は徐々に回復し，増加していくが，その過程でこの集団に変異を供給するのは突然変異だけであり，個体数回復の初期には変異は減少し続ける．変異の回復，変異の蓄積は徐々にしか進まず，集団の変異がびん首効果，創始者原理の働く前のレベルにまで回復するには何千世代，何万世代を要するのである．植物の例ではないが，アメリカインディアンはベーリング海峡が地続きであったころ，ユーラシア大陸のある民族のほんの少数の人達がここを渡ってアメリカ大陸に入り，南下を続け南アメリカにまで広まった．アメリカインディアンのABO血液型は突然変異によって生じたと考えられる少数の家系以外はすべてO型である．未だ，モンゴル人種の平均的な変異のレベルを回復していないと考えられる．

7) 遺伝的多型

ここで遺伝的多型について整理しておこう．集団中に変異が存在すれば，つまり2つ以上の対立遺伝子が存在することを多型と呼べば，ほとんどすべての生物集団は多型であるという意味のないことになる．というのも，どの集団でも突然変異は個体あたり，毎世代 u という割合で起こる．したがって大きさ N の集団は確率 $2Nu$ で当代に生じた突然変異を保有することになる．また，さきに自然淘汰と突然変異の平衡のところで論じたように有害な遺伝子も集団中に u/s という頻度でつねに存在している．したがって集団遺伝学では集団に変異が存在していてもその頻度が突然変異と自然淘汰の平衡から期待されるような低頻度であればそれは遺伝的多型とは呼ばないことにしている．有害な遺伝子の頻度は 0.005〜0.001 であったから，もっとも高頻度で存在する対立遺伝子の頻度が 99% 以下のとき遺伝的多型と呼ぶ．

既にみてきたように遺伝的多型は次の場合に起こる．① 超優性の遺伝子が自然淘汰によって維持されている場合（有名なヒトの鎌状赤血球貧血を起こすヘモグロビンS（*HbS*）遺伝子がこの例である）．② これまで集団で高頻度であった遺伝子が環境の変動により自然淘汰に不利になったため遺伝子頻度が低下する過程を途中で観察すると遺伝的多型である．工業化による環境の暗化が多くの鱗翅目昆虫で引き起こした白い型から黒い型への推移（工業暗化）が典型的な例である．③ 狭い地域での微小な環境の違いが局所的な自然淘汰として作用し異なった遺伝子型が集団中に共存する場合（カリフォルニアのエンバク集団でみられた土壌の湿り気による異なったエステラーゼアロザイム（1つの遺伝子座上の複数の異なった対立遺伝子によってつくられ同じ酵素反応を触媒する能力をもつが何らかの方法，たとえば電気泳動で区別できるアイソザイム）の変異の保有がこれで説明されている）．④ 頻度依存型の自然淘汰．配偶子体型不和合性植物の不和合性遺伝子座 S における多くの対立遺伝子の共存は頻度の低い対立遺伝子が淘汰に有利であることによって引き起こされている．頻度依存型の自然淘汰のよい例である．⑤ 遺伝的浮動による遺伝的多型．上で述べたように自然淘汰に中立な遺伝子が運よく頻度を高めたときには遺伝的多型となる．

このようにいろいろな原因で生じる遺伝的に多型的な遺伝子をわれわれは遺伝的変異として実験的に検出するわけである．

6.2 分子系統樹と種の分岐

a. 分子系統樹

植物分類学の生みの親 Linné 以後,植物分類学者は個々の分類群において種を区別できる形態的特徴をみつけそれを key characters として分類体系を組み立ててきた.形態的特徴のうち,育ってきた環境がよく似ているため形態もよく似ているという収斂進化(convergent evolution)の結果生じた同型形質(apomorph)をとり上げると分類体系は系統類縁関係とまったく異なるものとなってしまう.分類学者はいろいろな形質を調査し,共有派生形質(共通祖先種に由来すると考えられる相同形質)をみつけ,同形形質は排除して系統分類体系を組み立ててきた.ここではそれらを詳しく論じるつもりはない.たとえば Wiley (1981)を参照せよ.

分子系統樹は分子進化がまだあまり研究されていなかったころ,既にタンパク質のアミノ酸組成の違いなどに基づく系統樹の作成が試みられていた(Fitch and Margoliash, 1967).しかし 1960 年代後半から 1970 年代にかけての分子進化の研究,とりわけ Kimura (1968) による分子進化の中立説の提唱とその後のこの説の検証を通して分子系統分類学は飛躍的に進歩し,多くの分類群においてこの手法が応用され新しい知見を得た.

現在なぜ分子系統樹が頻繁に用いられるのかという理由の1つは,形態形質に基づく系統類縁関係の研究には熟練した形態に関する知識が必要であることである.また,分子系統樹では DNA の塩基配列やタンパク質のアミノ酸組成に関する情報を得てしまえば,それらの情報は系統樹作成にとって都合のよい性質をもっているということによる.分子進化では,さきにも述べた同型形質を生じるような収斂進化はめったに起こらず,種が分岐してから後は時間の経過とともに2種間の違いは増大する一方である発散的進化(divergent evolution)を示すことである.またそれぞれの分類群の進化速度は形態形質ではかなり異なることが知られているが,分子進化,とくに中立的な遺伝子の進化では進化速度が一定であり,系統樹の枝の長さが系統間の遺伝進化的違いを反映している点である.つまり,Zuckerkandle and Pauling (1965) のいう分子時計(情報分子であるタンパク質や DNA は平均的には一定の速度で変化するゆえ,この定速的な経時変化を時計になぞらえて分子時計という)が近似的に働いているのである.

さきに，中立説を紹介したとき述べたように，大きさ N の集団中に1世代あたり中立的な突然変異は $2Nuf$ 生じる．ここに，f は中立的な突然変異の割合である．ある中立的な突然変異が固定する確率は $1/2N$ であったから $2Nuf \times 1/2N = uf$ がこの集団での固定速度となり，分子時計が成り立つことになる．この式からわかるように，u または f が種によって変化するため進化速度は変動することもある．f は正常の遺伝子と，遺伝子の重複で生じ，機能を失った偽遺伝子の間では明確に異なることが知られている．また，突然変異率も時間あたりにすると世代の長短に応じて変異率に高低があることも知られており，u, f の大きく違ったものを比較するときには注意しなければならない．

分子レベルでの進化は形態レベルでの進化に比べ，中立的な変異が占める割合ははるかに大きく，進化の速度は一定に近い．現在多くの研究者がある特定の遺伝子またはDNA断片の塩基配列に基づいて分子系統を築いているが，その特定の遺伝子がたまたま収斂進化を起こしていれば，間違った系統関係を得る．また，分子系統はデータそのものがランダムな変動の結果に由来するものであり，真の系統関係を反映していない可能性もある．この場合はブートストラップやその他の方法によって得られた系統樹が信頼できるものかどうか，さらなるデータが必要かどうかをつねに確かめなければならない．

一般に分子系統樹で得られるのは遺伝子の系統樹である．同一種内ではDNAの塩基配列は一般に多型であるので，種の分岐の時点，つまりすべての遺伝子で遺伝的交流がなくなった時点はある特定の遺伝子で交流がなくなった時点，つまり遺伝子系統樹の分岐点よりも新しい．また，集団，種は多型であるから，1個体をサンプルとして分析した系統樹は種の系統樹と一致していないのが普通であることにも注意しなければならない．

また，とり扱っている遺伝子に重複がある場合，つまりゲノム内に遺伝子のコピーが複数ある場合（多くの植物で，Adh 遺伝子のコピー数は複数である．また，ヒトのヘモグロビンにおける α, β 鎖などもこれにあたる），種分化以前に生じた重複遺伝子の対応しない遺伝子間の比較（パラローガス，paralogous）をしてはならない．種の分岐に対応するオーソローガス（orthologous）な比較を行わなければならない．

遺伝子系統樹と種の系統樹のくい違いの原因のもう1つは遺伝子が種の壁を越えて別の種に移るという水平転移の可能性である．細菌類では確かに起こってい

る.高等植物でもレトロトランスポゾンや植物を宿主とする DNA ウイルスの介在した水平転移(移行)の可能性があるが,現時点ではあまり考慮しなくてもよいのではなかろうか.

b. 分子系統分類の方法

ここで分子系統分類のいろいろな方法について簡単に紹介しておこう.方法の詳しい説明や具体的な計算方法については長谷川・岸野 (1996), Nei and Kumar (2000) などを参照されたい.

1) 最節約法

ある DNA の塩基配列についてもっとも少ない置換数で現在の配列を説明できるように共通の祖先の表現型を手繰っていくアプローチを最節約法(most parsimony)という.PAUP というソフトも開発され,DNA の塩基配列から系統類縁関係を知りたい研究者によってこの方法は普及していった.一般に複数のトポロジー(系統樹における分枝パターンの総合,つまり,枝の長さの情報をとり除いた系統樹の形)が最節約系統樹として得られるゆえ,すべてに共通な部分のみをとり上げたコンセンサス系統樹が用いられる.比較的近い類縁関係にある分類群の解析には妥当であるとされるが,対象とする配列の分岐が古くなると多重置換(系統樹の枝の中で置換が複数回起こること)の問題が生じて,誤った系統樹に至ることがある.

2) 距離行列法

上記の最節約法で生じる多重置換の問題は配列間の距離を適当なもので定義して,それに基づいてクラスター分析を行うことにより克服できる.クラスター分析はもっとも距離の近いものをまとめてクラスターとし,クラスター間の距離を適当に定義して(最短距離,重心間の距離など)逐次クラスターを融合し,全体を1つのクラスターにする分析方法である.

i) UPGMA Sokal and Michener (1958) による手法で重心法によるクラスター分析である.この方法は簡便であり,進化速度がほぼ一定である分類群については有効である.クラスター間の距離は各クラスター構成員のすべてのペアの距離の平均,

$$d_{AB} = 1/n_1 n_2 \cdot \sum_{i=1}^{n_1} \sum_{j=1}^{n_2} d_{ij} \qquad (*)$$

であり,クラスターの分岐点は d_{AB} により指定される(図6.8参照).

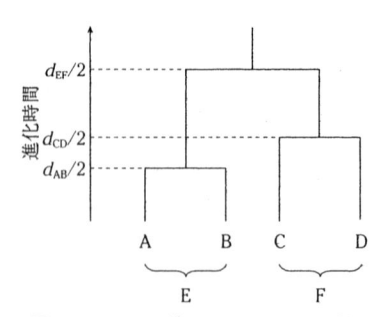

図 6.8 UPGMA 法によるクラスター間
　　　　距離と分岐点
　　　　[長谷川・岸野 (1996) より改変]

ii) 無根系統樹　　分子系統樹は時間に対して方向性をもっているはずであるが,塩基配列のデータからは共通祖先からの最初の分岐が特定できず,したがって根を特定せず方向性を無視した系統樹を考えることがある.これが無根系統樹である.根を特定したい場合は同一のグループに属していないアウトグループを加えて解析し,アウトグループと問題としている分類群とが系統的に交わるところが根である.

iii) Fitch‐Margoliash 法　　Fitch‐Margoliash (1967) の方法は UPGMA のように進化速度の一定性を仮定しないアルゴリズム(一定の方式に基づいて一連の演算を行っていくこと)である.近いクラスターどうしをまとめていくが,枝の長さを推定する際に関連する3つのクラスター間の距離をもとに進化速度の一定性を仮定せずに長さを推定していく.

クラスター間の距離 d_{AB}, d_{BC}, d_{AC} は (*) 式によって求め,枝の長さ x, y, z は $x = (d_{AB} + d_{BC} - d_{AC})/2$ 等で求める.クラスターの根の間の距離 x_0, y_0, z_0 は x, y, z からそれぞれの根 P, Q, R から各配列への距離の平均を差し引いて求められる(図 6.9 参照).

このアルゴリズムによって,近いものを順次結びつけていくことにより得られるトポロジーは枝の長さの総和が小さいことが期待されるが,この最少進化の基準とデータへの適合性の最尤化とどう結びついているかは明らかでない.

iv) 近隣結合法　　さきのアルゴリズムの各ステップで最少進化(一番少ない数の塩基置換による進化)の基準を明確に打ち出したのが Saitou and Nei (1987) の近隣結合法である.星型トポロジーからスタートして近隣のクラスタ

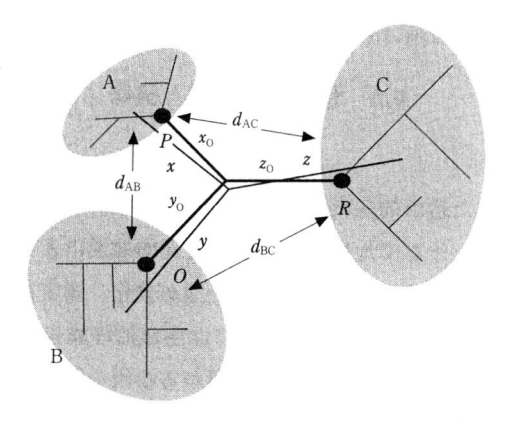

図 6.9 Fitch–Margoliash 法による枝の長さの推定
[長谷川・岸野(1996)より改変]

ーを括り出していく際の枝の長さは前述の Fitch–Magroliash 法と同じ式を用いて計算していく．星型トポロジーから A，B を括り出すときにはすべての可能性を考慮して，すべてのトポロジーについて枝の長さの総和を求め，それが最小となる A，B のペアを最近隣ペアとして括り出していくのである．

3) 最尤法による系統樹の作成

われわれが得る DNA の塩基配列に関するデータは塩基置換が確率過程として起こった結果だと考える．確率過程のモデルを考え（もっとも基本的なモデルはすべての塩基置換が同様に生じるという Jukes and Cantor, 1967 のモデル），得られた塩基配列の置換行列から最尤法によって系統樹を作成する方法である．系統樹を構成する部分系統樹（部分木）の各座位において条件つき尤度を求め，座位にわたって掛け合わせて配列全体の尤度とし，部分木を定め，逐次条件つき尤度を拡大していって全体に及ぶ方法である．

この方法は確率過程や尤度関数に関する知識を必要とし，本書の範囲を越えている．この方法の詳しい解説は長谷川・岸野（1996）を参照されたい．最尤法はトランジション・トランスバージョンの頻度の比，DNA 中の塩基 G と C の占める割合である GC コンテンツの変化などの生物学的事実を確率過程のモデルのパラメータとしてとり込んで，生物進化の実情に近い過程をモデルとして構築することが可能である．また独立した複数の遺伝子に関する情報を統合してより精度の高い系統樹をつくることも容易であるなどの利点がある．

分子系統樹の具体的な例は 6.3 節 c 項でソバ属の分化を扱うときに述べる．

6.3 種分化の様式と機構

a. 種 分 化

集団内に蓄積された遺伝的変異は地理的要因，生態的要因，生物的要因により集団間の分化を促す．そして地域集団は長い時間的経過により，生態型（自然淘汰により生育地の環境条件に適応した遺伝子型が分化，固定してでき上がった固有生物集団），地方品種の成立から，さらには生殖的隔離をもたらし，種の分化へとつながっていく．ここでは，種分化に関わる要因を簡単に紹介し，著者の研究しているソバ属野生種を例にとって説明を加えていこう．この種分化の過程の説明こそ進化学の中心課題であり，その要因の重要性を何に求めるかについてはいろいろな考えがあることをここで断わっておく．

種分化の過程をわれわれが実際観察するということはめったにない．系統関係などの分析から A 種は B 種から分かれて生じたのであるとか，A 種と B 種が交雑して新しい C 種が生じたなどと推測するのである．種の分化ほどでないにしろ，亜種や変種，生態型や地方品種等への分化も種分化への第一歩として重要であり，今日系統分類に用いられる遺伝的なマーカーの著しい進歩によって，種以下のレベルでの分化もわれわれは容易に認めることができる．

遺伝的変異が種内の集団にどのように蓄積しているかは，植物の場合主として他家受精をする種ともっぱら自家受精だけをする種では非常に異なる．この種内における集団間変異の研究は主にアロザイム変異の研究がさかんであった 1960～1970 年代に大いに発展した．今日ではアロザイムに代わって RAPD, AFLP, SSR などの DNA マーカーを用いて行われている．主として自家受精をする植物種では個々の集団内の遺伝的変異の量は大きくないが，集団間の分化の程度が大きく，種としては他家受精をする種と同じ程度の変異を保有している種もある．他方，他家受精種では集団の大きさにもよるが集団内に多量の遺伝的変異を保有し，集団間の遺伝子交流（個体の移住，人による攪乱，花粉・種子の遠距離散布などによる）の大きさによって集団間の分化の程度は異なるが，種としてまとまりを保ちながら多量の変異を維持している．

種の分化にはある種が 2 つ以上の種に分岐する場合と 2 種が合わさって新しい 1 つの種を形成する場合を考えることができる．福田（1987）によれば一次種分

化と二次種分化である．種分化としては前者が普通であるが，植物では雑種および倍数体の成立による種分化も多いゆえ，二次種分化も無視できない．

種分化には通常地理的な要素が関わってくる．地理的に隔離された集団が特異的な変異を蓄積し，他集団と生殖的に隔離されてしまうと異所的種分化につながる．生殖的な隔離が形態や生理形質の分化に比べて早い時期に生じると，2種が共存して同所的に種は分化したとみなされるであろう．

b. 種分化の要因

前にも述べたように種分化がどのようにして起こるかという課題は遺伝学，とくに集団遺伝学がとり組み，進化学へ大きく貢献した．隔離機構，自然淘汰，繁殖・交配様式などのさまざまな角度から検討が加えられ，単独の要因でなく，いくつかの要因が絡み合って種分化，進化は起こるのだという考えに落ち着いている．Huxley（1942）のいう進化の合成説（evolution, modern synthesis）である．現在では，その当時は重要視されなかった遺伝的浮動による進化も重要な要因として考えられている．

1) 隔離機構の発達

種分化が集団の隔離によって引き起こされることは既に述べた．隔離により集団が特異的な遺伝子組成をもつようになり，それが生殖に関わる遺伝的変異にまで及ぶと，その集団はもとの生物種でなくなるのである．隔離機構には種々なものがあるが，詳しい解説は福田（1987）の解説やDobzhansky（1937）の著名な本の中の解説に任せここでは省略する．

2) 自然淘汰の働き

自然淘汰はDarwinとWellaceによって進化の原動力と考えられ，当然種分化にも中心的な役割を果たしてきたと考えられてきた．自然淘汰の種分化に果たす役割は集団の遺伝的組成をある環境に適応した状態に変えるということである．植物の例ではないが，19世紀以後の産業革命に伴う環境の暗黒化によって，オオシモエダフリシャクなどの鱗翅目の昆虫などが100年ばかりの間に体が白色の集団がすっかり暗色に代わってしまった工業暗化の例がある．植物でも鉱山跡などで観察された銅などの重金属耐性の急速な獲得などは環境への素早い適応が自然淘汰を通して成し遂げられた例である．そして，自然淘汰は種分化に関しては，生殖に関する形質への選択を通して生殖的隔離に結びつき，種分化につなが

っている．また，環境変化による媒介昆虫相の変化に伴う花器の形態変化とそれに続く種分化にも自然淘汰は重要な役割を果たしている．生態型は自然淘汰を通じて環境に適応した植物の分化した姿である．

3) 遺伝的浮動

遺伝的浮動はさきにみたように中立的な塩基置換に関しては非常に重要な役割を果たしており，進化を塩基置換の積み重ねであるとすると遺伝的浮動はまた種分化にも重要な役割を果たしているに違いない．しかし，われわれが種の分化と関連して遺伝的浮動の働きを指摘できるのはいずれも状況証拠としての遺伝的浮動の関与である．

一例として，北アメリカ産のエンレイソウ（*Trillium ovatum*）の研究例を挙げよう（Fukuda, 1969）．図 6.10 にみるようにエンレイソウの 4 番目の染色体 D 染色体の変異は太平洋岸では特定の染色体型を高い頻度で含み，ロッキー山岳地方ではさまざまな染色体型を低い頻度で保っており，一定の方向性を見出せない．この染色体変異は花器や葉などの外部形態の形質にも平行して同じような傾向がみられる．これは次のように説明される（福田, 1982）．第四紀完新世におけるウィスコンシン氷河期以後の太平洋岸はスギ，モミの樹林が発達し，エンレイソウは下草として安定した環境条件の下で変遷してきた．それに対して，ロッキー山地では氷河の前進と後退の繰り返しによって，気候条件，土壌条件の激しい変化をこうむり，エンレイソウにとっても地域ごとにかなり異なる不安定な選択と遺伝的浮動の影響を受けてきた．

遺伝的浮動が染色体型の分化に重要な役割を果たした例として，オオバナエンレイソウの北海道，本州北部の小さな集団においてのみ変異を失った例もある（福田, 1982 を参照）．

4) 雑種形成

i) 自然雑種形成　あまり遠縁でない 2 種の雑種形成は遺伝的変異性を増し，新しい適応型の誕生から種分化へと進む可能性をもっている．雑種は雑種不稔や雑種弱勢によって消滅していくものも多いが新しい種へと進化の過程を進むものもある．図 6.11 はハワイ島における *Bidens menziesii* var. *filiformis*（海抜 1800 m の高地に自生）と *B. skottsbergii*（東の海抜 20 m に自生）の雑種が島の西部の中間的標高地点に中間的な形態を維持しながら，両親と生育地を異にして分化の過程を進んでいる（Gillet, 1977）様子を示したものである．雑種の不稔や

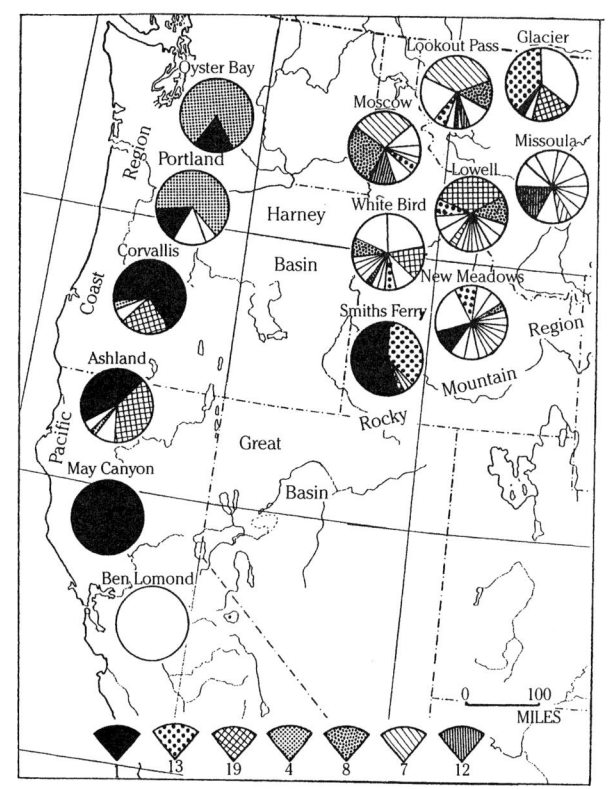

図 6.10 北アメリカ西部におけるエンレイソウの自然集団における染色体変異［福田（1982）より］
扇状グラフは染色体の異なった型の頻度を示す．図の下部の数字は染色体変異のタイプを示す．

雑種弱勢は雑種がたまたま両親のいずれかと戻し交雑すると，消滅の危機から逃れることもある．この戻し交雑を繰り返すと，両親のいずれかに非常に近いが，もう一方の親の遺伝子もとり込んだ新しい変異が生じる．この過程を浸透交雑（introgressive hybridization）といい，生じた雑種を移入雑種（introgressive hybrids）という．このような浸透交雑が頻繁に起こるとは思えないが，Anderson（1949）によればアメリカ東部のアキノキリンソウ属植物では確かに起こっているという．

ii) 倍数性雑種の形成 倍数性種の発達はイネ科，キク科，バラ科などでごく普通にみられ，ほかの分類群でもまれではない．自然界では同質倍数性

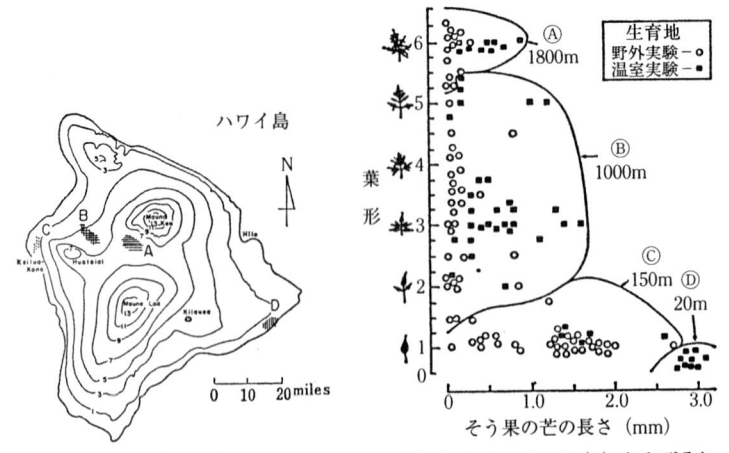

図 6.11 ハワイ島における *Bidens menziesii*（A）と *B. skottsbergii*（D）およびそれらの間の雑種（B,C）の生育地と葉形，そう果の芒の長さ
［福田（1987）より（原図はGillet（1972），Phytogeography and Evolution（ed. by Valentine），Acad. Press, p.205-214)］

(autopolyploidy) の報告例は少なく，大部分は異質倍数性 (allopolyploidy)，とくに部分的異質倍数性の例が多い．同質倍数性は生じても減数分裂において多価染色体を形成し，正常な染色体の分離が起こりがたく雑種が消滅してしまうからである．しかし，後に述べるように最近のDNAマーカーを用いた研究では塩基配列から，わずかな違いはあるがほぼ同質であると考えてよいような同質倍数性が検出されつつあり，これまで考えられていたよりも，同質倍数性は自然界でも生じているようである．

倍数性雑種による種の分化の例は，古く木原（1954）などによるゲノム分析によるコムギ・エギロプス属の倍数性の進化の研究（4.4節参照）や禹（1935）の三角形で知られるゲノム分析による *Brassica* 属野菜の二倍体・四倍体種の系統類縁関係が明らかになった例がある．図6.12に *Brassica* 属野菜の倍数性種の系統類縁関係を禹の三角形として図示する．最近の葉緑体DNA，核DNAのRFLP分析やRuBisCO（フラクションI）タンパク質の大小サブユニットの研究から倍数体に父親として関与したか，母親として関与したかもある程度判明した．

5）　突然変異による自家不和合性の崩壊と自家和合種の成立

自家不和合性はS遺伝子と呼ばれる，不和合性を支配する遺伝子，花柱や花

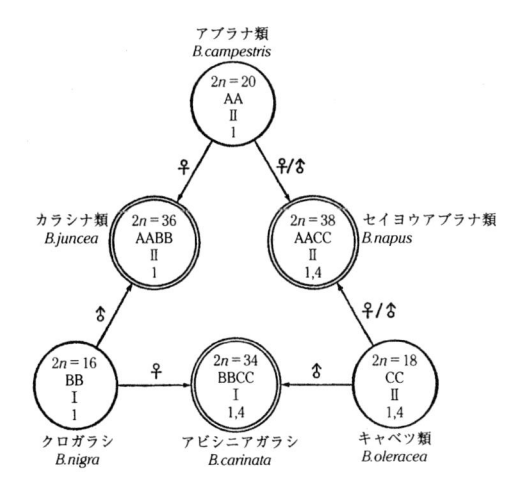

図 6.12 *Brassica* 属野菜 6 種間の系統類縁関係[阪本 (1987) より改変]
一重丸は二倍体，二重丸は四倍体，A, B, C はゲノム，Ⅰ, Ⅱ, 1, 4 はそれぞれ RuBisCO タンパク質の大，小サブユニットの型．大サブユニットと小サブユニットはそれぞれ葉緑体遺伝子，核遺伝子によってつくられ，前者は母性遺伝，後者は両性遺伝にしたがう．

糸，花粉粒の大きさなどの花器の形態に関与する遺伝子が密接に連鎖した超遺伝子によって支配されている．ところが，不和合性遺伝子が突然変異を起こすと多くは別の不和合性対立遺伝子になるが，時たま不和合性を失う対立遺伝子に変わると自家受精が可能になり，自家受精を続けるうちに S 超遺伝子のほかの遺伝子も突然変異や組換えによって変化し，もとの不和合性の種から和合性の種が成立していることがしばしばみられる．自家受精種になるともとの不和合性種との遺伝子交流もなくなり，ますます自家和合性種として確立していく．次項のソバ属種の例でみるように，この不和合性の崩壊と和合性種の分化の程度にはいろいろの段階があり，形態の分化が現在進行中であると考えられる種もある．

c. ソバ属における種分化の例

ソバ属野生種は 18 種ほど知られているが，そのうちの大部分は異花柱性（1 章参照）に基づく不和合性をもっており，虫媒によるほぼ完全な他家受精種である（表 6.2, 図 6.13 参照）．アロザイム，葉緑体 DNA，核遺伝子の塩基配列に基づく系統類縁関係の分析結果はソバ属が大きく 2 つのグループに分けられること

表 6.2 ソバ属野生種の特徴とその分布

種	倍数性	自家不和合性	異花柱性	分布
cymosum グループ				
F. cymosum	2×, 4×	SI	Het	中国南部, ヒマラヤ地方, チベット
F. tataricum	2×	SC	Hom	中国南部, ヒマラヤ地方, チベット
F. esculentum	2×	SI	Het	雲南省, 四川省, 東チベット
F. homotropicum	2×, 4×	SC	Hom	雲南省, 四川省, 東チベット
urophyllum グループ				
F. urophyllum	2×	SI	Het	雲南省, 四川省
F. lineare	2×	SI	Het	雲南省
F. leptopodum	2×	SI	Het	雲南省, 四川省
F. statice	2×	SI	Het	雲南省
F. gilesii	2×	SI	Het	雲南省, 東チベット
F. jinshaense	2×	SI	Het	雲南省, 四川省, 東チベット
F. capillatum	2×	SI	Het	雲南省
F. gracilipes	4×	SC	Hom	中国南部, 東チベット, ブータン
F. gracilipedoides	2×	SI	Het	雲南省
F. rubifolium	4×	SC	Hom	四川省
F. callianthum	2×	SC	Het	四川省
F. pleioramosum	2×	SC	Het	四川省
F. macrocarpum	2×	SC	Het	四川省

SI は自家不和合性, SC は自家和合性. Het は異花柱性, Hom は同型花柱.

を示している．栽培ソバのように残存花被（開花，結実以後も落ちずに残っている花弁）に包まれない大きな種子をもつ cymosum グループと残存花被に包まれた小さな種子をもつ urophyllum グループである．そして，次のような種分化がみられる．① 異花柱性の不和合性を失い自家受精する種となった例がいくつかの系統上でみられる．*Fagopyrum cymosum* → *F. tataricum*, *F. esculentum* → *F. homotropicum* がその例である．② 同質四倍体化とそれに伴う自家不和合性の消失による自家和合性種の成立は *F. capillatum* → *F. gracilipes*, *F. gracilipedoides* → *F. rubifolium* がその例である．倍数化だけでは必ずしも自家和合に至らないことは四倍体 *F. cymosum*（四倍体でも異花柱性を維持し，形態も二倍体と区別がつかない）の例で明らかである．

　異花柱性不和合性の種では不和合性の崩壊による和合性の出現は花柱，花糸の花器の形態変化や花粉粒の大きさの変化を伴う．親の種から急速に生殖的隔離され，したがって早くから別種としてとり扱われる．自家受精種のダッタンソバ（*F. tataricum*）は中国南部からヒマラヤ東部にかけて自生する自家不和合性種 *F. cymosum* から種分化したと考えられるが，種分化は横断山脈（チベット東部，

6.3 種分化の様式と機構

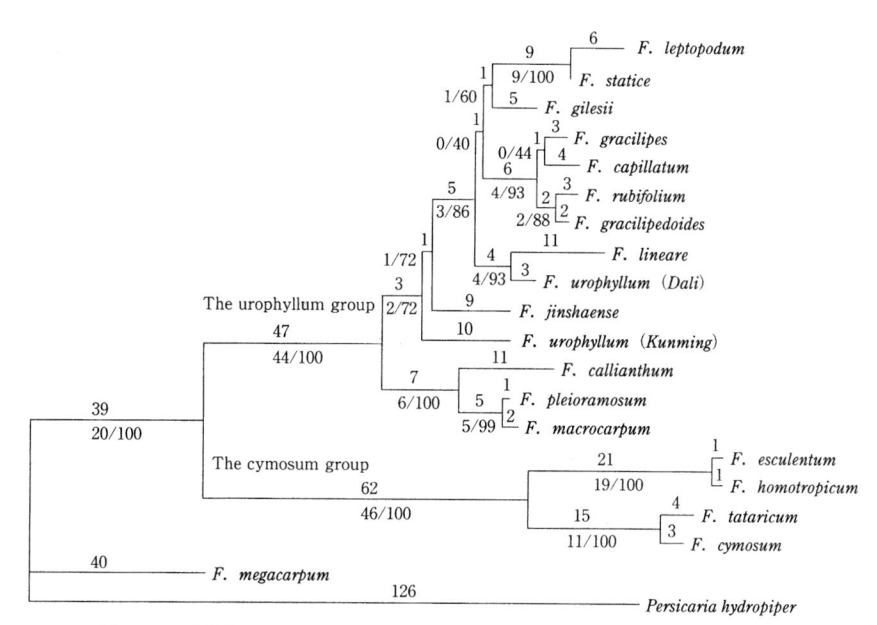

図 6.13 葉緑体ゲノムの *rbcL-accD* 領域における塩基配列より最節約法で描いたソバ属野生種の系統樹 [Ohsako *et al.* (2001) より改変]
各枝の上の数は枝の長さ，下の数は Brenner support/Bootstrap percentage を示す．

四川省，雲南省の境界領域を南北に走る山脈）の西側の高地で起こり，その過程で *F. cymosum* より強い耐寒性を獲得し，野生亜種では *F. cymosum* よりつねに北方にまた標高のより高い所に自生している．また栽培ダッタンソバもソバ（*F. esculentum*）より寒冷地のより北方，より標高の高いところで栽培されている．

　F. esculentum より分岐した自家和合性種 *F. homotropicum* は同所的に種分化し，さらにある程度分化した時点で（生殖的隔離が完全でない時点で；現在でもまだ完全ではない）親種との交雑により異質四倍体を生じている．この四倍体は形態的には *F. homotropicum* に類似しており，多くの植物でみられる異質四倍体の異なったゲノム間の強弱（異質四倍体において2つのゲノムのうちどちらか一方のゲノムの形質がより優性的に発現される現象がしばしばみられる）により形態的類似が発現されていると考えると *F. esculentum* → *F. homotropicum* →四倍体 *F. homotropicum* への種分化が理解できる．どの種から分化したかは不明であるが，中国四川省眠江上流に分布する3種 *F. callianthum*, *F. pleioramosum*, *F.*

macrocarpum はいずれも自家不和合性は失っているが，いまだ異花柱性を保っており，自家受精種への種分化の途中にあると考えられる．

最後に倍数化に伴う地理的分化の例をシャクチリソバ（*F. cymosum*）の同質四倍体の例でみてみよう．さきにも述べたように，同質倍数体の研究例が少ないのは同質倍数体ができても，減数分裂時には多価染色体を含み，正常な分離をせず消滅したり，また，同質倍数体とみなされるほど，きわめて近縁なものどうしの交配による倍数体成立では両者を区別する適当なマーカーがみつからず古典的な細胞遺伝学的手法では分析が不可能であったことによる．

ところが，最近の分子マーカーの開発，DNAの塩基配列の比較などにより一見同じにみえるゲノムもこれらを用いれば容易に区別でき，同種の異系統間での交配の結果多くの同質倍数体が生じていることが明らかになってきた．ソバ属でもシャクチリソバの自然集団を *Adh* 遺伝子の塩基配列から分析すると，四倍体シャクチリソバは異なった二倍体ゲノムの種々の組み合わせとして，多起原的に生じた同質四倍体複合体であることが明らかになった（Yamane *et al*., 2003）．これを紹介しよう．

シャクチリソバには二倍体と四倍体が知られており，二倍体は四川省，雲南省とその近辺に自生している．一方，四倍体は東は広東省，江西省から西はブータン，ネパールからインドのカシミール地方まで，また南はタイ北部まで広く分布している．*Adh* 遺伝子はソバでは1コピーらしく，この遺伝子はほかの植物と同じように10のエキソンと，9のイントロンからなる．第3イントロンの長さに多型があってL，L'とこれよりはるかに短いSの3種が区別される．二倍体ではL'とSをもつものがみつかっており，Sをもつものは地理的に隔離された東チベットだけに分布している．四倍体はこれら3種の組み合わせのSL，SL'，LL，L'L'，LL'が存在してその分布は図6.14にみるとおりである．染色体レベルでは同質四倍体らしいとしか断言できないが，おそらく四倍体は二倍体SS，L'L'と未発見のLLとの間の交雑と染色体倍加によって多起原的に生じたのであろう．ここでは詳しく述べないが同じL，L'タイプの中にも塩基配列を調べていくと，別起原であると推定される複数のL，またはL'が存在する．このように，シャクチリソバ四倍体は異所的に多起原によって生じた同質四倍体複合体であると結論できる．このように，倍数体（とくに同質倍数体）を遺伝子の塩基配列をもとに調べていくと，単起原よりもむしろ多起原の方が一般的であることがわかっており

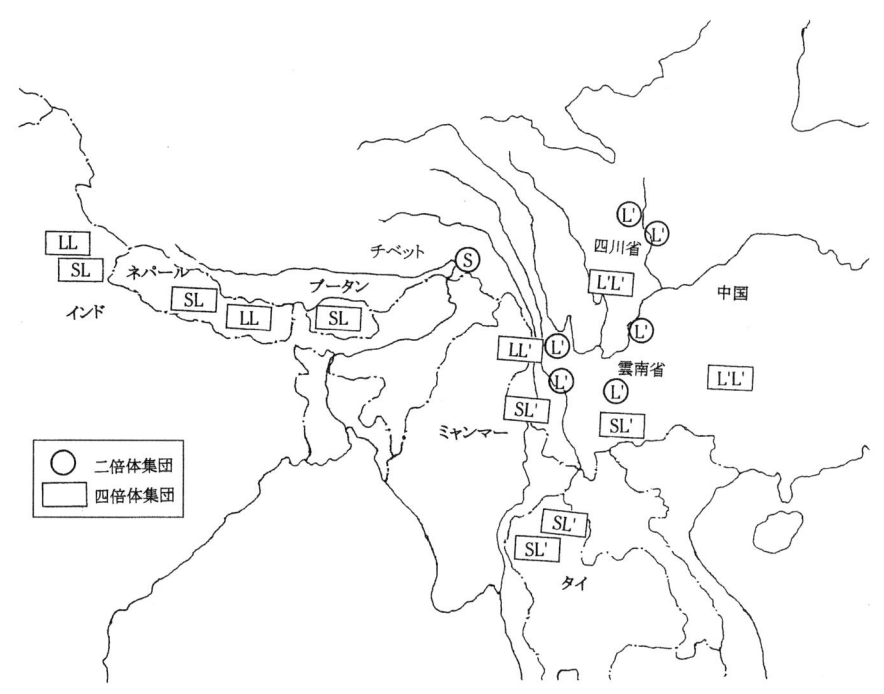

図6.14 *Adh* 遺伝子の塩基配列の分析から明らかになったシャクチリソバの二倍体,四倍体集団の遺伝組成(半数体の遺伝組成を記号で表示)[Yamane *et al.* (2003)より改変]
L,L',Sは異なった長さの第3イントロンの型を示す.

(Soltis and Soltis 1995, 2000),異質倍数体についても同じような分析を進めていけば,関与した種,系統,集団がより詳細に判明し,多起原の例もあるに違いない.

6.4 栽培植物の起原と分化

a. 野生種と栽培種

春先にワラビ,ゼンマイ,ツクシ,タンポポなどを野草として採集し,それらが食卓に上ることもあるが,現在われわれが植物性食品として食べている食べ物のほとんどすべては栽培されている植物に由来するものである.そしてほとんどすべての栽培植物は過去10000年の間に長い時間をかけて野生植物から栽培化されたもので,昨日今日にでき上がったものではない.もっとも植物によっては栽培化の途中であり,現時点では栽培種と呼んでよいか,野生種と呼んでよいか迷

うものもある.

　栽培化が進むと植物にはいろいろな形態，生理形質に変化が生じて，より栽培しやすいようになる．そのいくつかをみていこう．

1) 種子の非脱粒性

　植物の栽培化に伴って起こる遺伝的変化のうちもっとも顕著なものは種子を利用する植物（穀類など）でみられる非脱粒性（非脱落性，non-shattering habit, または non-brittleness）の獲得である．野生状態では種子の散布に有利なように種子（または種子を含む小穂）は脱落して広い範囲に分散する．しかしこの性質は栽培における収穫にはたいへん不都合な性質である．この脱粒性・非脱粒性は多くの植物において1～数個の遺伝子によって支配されており，たまたま生じた非脱粒性の突然変異個体が選択され，栽培化が進んだと考えられる．

2) 器官の大型化

　現在われわれが利用している植物は特定の利用される器官が利用目的に沿って大型化したり，特殊化したりしている．ダイコンの野生種にはわれわれが食べているような太い大きな根をもったものはない．メキシコの古い遺跡から出土したトウモロコシの穂はわずか1インチでそれが数千年後にはほぼ現在の大きさにまで巨大化している．それゆえ，初期のトウモロコシは穂を食べるのでなく，軸をサトウキビのように噛むのが利用方法であったという説が出るほどである．器官の大型化は葉菜，根菜，イモ類，果実などで顕著である．

3) 休眠性の消失

　野生植物では種子の休眠が寒い冬や夏の乾燥期を乗り越える適応性質として発達しており，また土中に埋没した種子は seed bank として数年間にわたり徐々に発芽し，次世代だけでなく後代にも寄与している．栽培種では休眠性は低下し，斉一な発芽が起こり，栽培管理しやすいように変化している．休眠性も少数の遺伝子に支配されている場合が報告されているが研究はあまり進んでいない．

4) 有毒性成分の無毒化

　野草として採取した植物でワラビなどは加熱や水さらしなどによってあく抜き，毒抜きをして利用している．このように多くの野生植物は有毒成分や，苦味などの不快な成分をもっており，栽培の過程でそのような成分が少ないものが選抜され，栽培に至ったと考えられる．タロイモ，キャッサバなどのイモ類やマメ類のほか，薬用植物として利用されていたものが食用となったナスなどの例もあ

5) その他

次に挙げる性質は変化しなくては栽培化が成り立たなかった性質ではないが，栽培を通して徐々に遺伝的な変化が起こった性質である．

① 生育の斉一化．現在日本で栽培されているイネの田んぼをみると植物は見事に均一に生育し，一斉に開花し，成熟していることがわかる．生育の斉一化は栽培植物の管理収穫にとって都合のよい性質である．

② 日長性，耐寒性などの変化．栽培の伝播にしたがって異なった気候条件，日長条件の下で栽培が行われた結果，それぞれの生態的環境に適応した生態型が遺伝的適応に伴って生じる．もともと熱帯性のイネが高緯度，寒冷地の北海道まで栽培されるにつれ耐寒性で日長に中立なイネ品種が成立した等はそのよい例である．

③ 繁殖様式の変化．少数の優れた個体から次世代を残すようにと他家受精から自家受精への変化，有性生殖から無性生殖への変化が多くの作物で並行的にみられる．イモ類，バナナ，サトウキビなどの無性繁殖，イネ，トウガラシなどでみられる自殖性への変化である．また，イネ科作物の貯蔵デンプンのもち性は野生種では突然変異率のレベルでしかみられないが，もちの好きな東アジアではイネを始めアワ，コムギ，オオムギ，トウモロコシなどでもち性が好んで利用されている．

b. 栽培植物の起原，野生祖先種と起原地

個々の作物についてその野生祖先種（作物が由来した直接の野生種）は何か，どこで栽培化が起こったのかという問題は古くから興味ある研究対象であったが，最初に体系立てて研究にとり組んだのはスイスの de Candolle（1883）である．彼の著作 *Origine des Plantes Cultivées* は個々の作物の起原については現在の知識からすると誤った箇所も多いが，100年後の現在でも感心するほど鋭い指摘をしている箇所も多い．この分野の研究は1920年代以後のロシアの Vavilov およびその弟子達による地球規模での研究，アメリカの Harlan, de Wit らの研究などによって発展する．もちろん個々の作物についてはその作物の専門家が多くの貢献をしてきた．これらをまとめると，作物の起原地はいくつかの起原の中心地と呼ばれる狭い地域があって，ほとんどすべての作物はそのいずれかで起原し

たという起原の中心地の考えがある．この考えを代表するのが Vavilov である．Harlan は個々の作物の成立はその栽培化するというアイディアの伝播によって他の場所で同じような作物の成立を促すとして，Vavilov よりももっと広い少数の地域を起原地として考えた．中尾（1966）は農耕文化としては複数の作物の組み合わせが必要と考え，いくつかの基本的な農耕文化の発祥の地を想定している．

作物によっては栽培化が起こった地域よりも，栽培植物が伝播した地域でより活発に利用され発展した作物もある．これを二次的分化の中心地という．ヨーロッパで起原したダイコン，カブが中国へ伝播し，そこで多くの品種や新しい野菜であるナタネ，ハクサイ，中国野菜を生んだのがその例である．

栽培植物の起原の中心地（人によって6つとも8つとも15ともいう）については多くの書物がこれを記載しているのでここでは参考文献だけを挙げるにとどめよう．たとえば，田中（1975），Hancock（1992）をみよ．

c. 栽培植物起原の研究法

栽培植物の起原，つまりどこで誰がどの野生祖先種からどんな目的のために栽培植物を生み出したのかを明らかにするには生物学的研究法，考古学的研究法，比較文化史的研究法があるが（表 6.3 参照），実際に野生祖先種を明らかにした研究はほぼすべて生物学的研究法である．どこでという起原地については生物地理学的研究手法のほか考古学的遺物とその年代測定が決定的な証拠となる場合もある．比較文化史的研究法（伝統的利用，儀礼との結びつき，地方における呼び名等）は栽培植物の起原を探る研究の初期におおまかな起原地の推定などには有効であるが，最終的な結論の断定には無力である．

生物学的研究手法であるゲノム分析によって判明した倍数性のパンコムギの起原の例は既にみた（4.4節参照）．このほかにも栽培の起原が明らかになった多くの例は田中（1975），Hancock（1992）などにみられる．

d. 遺伝子プール

有用植物の遺伝資源としてとくに重要なものは，① 長期間伝統的に栽培され利用されてきた在来品種，② その有用植物の野生祖先種を含む近縁野生種，③ その有用植物の起原地域において有用植物と交雑を繰り返し作物‒雑草の複合体

6.4 栽培植物の起原と分化

表 6.3 栽培植物の起原に関する研究手法

I. 生物学的研究法 　1. 分類学的分析 　　i）属や種の同定 　　ii）亜種や変種の同定 　2. 植物地理学的分析 　　i）種や変種の地理的分布 　　ii）植物地理的微分法*1 　3. 比較形態分析 　　i）外挿法*2 　　ii）多変量解析 　4. 比較遺伝子分析 　　i）同祖性遺伝子 　　ii）補足遺伝子 　　iii）致死・矮性遺伝子 　5. 細胞遺伝学的分析 　　i）交雑親和性 　　ii）雑種の稔性 　　iii）ゲノム分析 　　iv）複二倍体の合成 　　v）核型分析 　　vi）細胞質の分化 　　　(1) 核置換法 　　　(2) 葉緑体 DNA の分析 　6. 生化学的分析 　　i）アイソザイム，アロザイムの分析 　　ii）特殊成分(貯蔵タンパク質,アルカロイド	など)の分析 　7. 分子遺伝学的手法 　　i）DNA の塩基配列の分析 　　ii）RFLP, RAPD, AFLP, SSR の分析 　　iii）遺物中の DNA の分析 II. 考古学的研究法 　1. 古生態学的分析（古気候・古植生） 　　i）花粉分析 　　ii）ミジンコ分析 　2. 放射性同位炭素による年代測定 　3. 出土遺物の分析 　　i）アセンブリジによる文化層位の同定*3 　　ii）古民族植物学的分析 　　　(1) フローテーション*4 　　　(2) 炭化遺物の同定 　　　(3) 圧痕の同定 　　　(4) 灰像法*5 　　　(5) 走査電子顕微鏡による微細構造分析 III. 比較文化史的研究法 　1. 方名（vernacular name）の比較 　2. 民俗分類 　3. 伝統的利用法 　4. 儀礼と結びつき 　5. 伝承

(阪本 (1987) より改変)

*1 Vavilovによって考案された，ある植物の変異を地理的な区画にプロットすることを，いろいろな段階の変異について行い，変異の地理的分布の規則性を見出す方法．Vavilovは栽培植物の起原の中心地の説にたどりついた．
*2 ある範囲で変数に対し関数値が知られているとき，範囲外でもこの関係が成り立つとして関数値を推定する方法．
*3 ある限られた時代の遺物が埋蔵されている地層（文化層）について，上下の層やその層の指標となる遺物などによって文化層を同定すること．
*4 発掘した土壌を水で攪拌し，浮上した遺物をすくい上げ，乾燥して調査する方法．
*5 組織断片を加熱して有機物を燃焼させ，無機物質の組織内分布等を知る方法．植物ではこの方法で明らかになった表皮細胞のケイ酸質の模様や突起が分類や同定に用いられることもある．

を形成している雑草種である（栽培種と野生種の間で交雑が起こると，野生種の性質をもちながら耕地に適応した植物がしばしば出現する．そしてその植物はさらに野生種，栽培種と交雑を繰り返し，広い適応範囲をもった栽培種・野生種の複合体をなす場合が知られている．このような状態にある植物をここでは雑草種と呼ぶことにする）．有用植物によっては上記以外に同じ用途をもった別種の作物が互いに交雑し多様な品種，品種群をなしている場合もある．*Brassica* 属の野

菜，サトウキビ，バナナなどがこの例である．また，同じ種の在来品種と考えられているものの中に生殖的隔離が生じて遺伝子交流が妨げられている品種群もある．イネのインディカ米とジャポニカ米はよく知られた例である．

Harlan and de Wet（1971）は遺伝資源を遺伝子供給源分類という形で把握することを提案している．第一次遺伝子供給源はその作物と交雑できて，雑種は染色体対合もよく稔性があり，遺伝的形質の分離も正常であるような植物である．すべての在来品種や野生祖先種はこのカテゴリーに入る．第二次遺伝子供給源はその栽培植物と交雑は可能であるが，通常別の種に分類され，雑種の染色体対合も悪く稔性はなく，まれに虚弱な子孫が残る程度である植物である．第三次遺伝子供給源はその作物と交雑は可能であるが雑種は不稔，致死または生育異常を示し，組織培養，胚培養や複雑な橋渡し交雑を通してのみ遺伝子の交流が可能である植物である．

では本当に栽培植物は野生植物との間に遺伝子交流を行っているのであろうか．自家受精植物ではその可能性がほとんどないように思われるが，さきにみたパンコムギの成立の際のタルホコムギ（*Aegilops squarosa*）の貢献のように起こりうるのである．ましてや他家受精植物においてはなおさら頻繁に起こっているように思われるが，実際にどれだけ起こっているかを量的に推定した研究はない．Anderson（1949）が浸透交雑として述べたような頻繁な戻し交雑の形での遺伝子導入の具体的な例はきわめて例外的である．

6.5　保全生物学

a.　遺伝的多様性

ある植物の遺伝的多様性を考える際にはまず種のレベルでの多様性か，ある地域での多様性か，ある特定の集団または品種内の多様性かを区別する必要がある．また多様性の指標となる形質も，いろいろな形態的形質についての計測から，病害抵抗性，耐寒性などの生理的形質，アロザイムに代表される酵素，タンパク質レベルでの多様性，特定あるいは不特定遺伝子座における塩基配列の相違に基づく多様性（RAPD，AFLPなど），特定の遺伝子，遺伝子間領域の塩基配列の決定に基づく多様性などさまざまな指標が使用可能となった．

野生植物における多様性は，前に述べた遺伝的多型を調査し明らかになった変異を多様性として捉えることになる．多型を生じるかどうかはその種の分布域，

分布域における気候や土壌などの環境要因によって決定される．植物の場合はまた，受粉昆虫，草食動物などの動物，病原菌などの微生物によっても影響を受ける．ところが栽培植物となると，その種の分布域や分布域の環境要因も関与するが，ヒトによる植物の栽培，伝播が多様性に大きく影響している．ある地域でどのような作物を栽培するかは，その地域の気候土壌条件などのほかに人々が築いてきた食文化，農耕文化が大いに影響するのである．

近代育種の確立以後は短期間で人為的に作成された変異（育成品種や遺伝子組換え品種など）も作物の種類によっては多様性のかなりの部分を占めている．そして，これまで栽培が不可能であった寒冷地などにも栽培できる新しい品種がつくられ，作物の分布を広げつつある．

ところが，他方では長い栽培植物の歴史の中で各地域の環境，農業形態に適応した多くの在来品種（landrace）が，集約的な管理栽培の下で多収量な近代育成品種の導入によって消滅の危機にあり，多様性は著しく減少しつつある．この育成品種による均質化は時に特定の病害虫による大被害につながる．古くはサトウキビプランテーションで代表的な栽培品種であった Bourbon は 19 世紀後半の世界規模のゴム化病の広がりにより壊滅的な被害を受けたし，また最近においても細胞質雄性不稔を利用した雑種トウモロコシが大規模な病害をこうむっている．在来品種の消滅は近代育成品種の開発とともに確実に進展しており，遺伝的侵食（genetic erosion）と呼ばれている．これはまた，ある作物の品種の減少だけでなく，作物の種類の減少としても起こっている．

日本で雑穀と呼ばれるアワ，キビ，モロコシ，ヒエ，シコクビエ，トウジンビエといったイネ科雑穀はかつては栽培の適応性と用途の違いによって，日本各地で栽培され利用されていたが，耐寒性のイネ品種の作成，食習慣の変化，家畜飼育の減少などの諸要因によって，大部分の地域からは姿を消した．

b. 遺伝資源の保全と利用

近代育種や栽培技術の発展は農業生産の増大に大きな役割を果たしてきたし，将来においてもそのことが期待される．育種のためには有用な遺伝的変異つまり遺伝資源（genetic resources）が必要である．そのためには遺伝資源を詳細に探索（exploration）し，収集（collection）し，それらを保存（conservation）しなければならない．遺伝資源の探索・収集はヨーロッパの列強がアジア，アフリカ

を植民地化していった時代にまでさかのぼることができる．コショウなどの香辛料，サトウキビ，バナナ，ココヤシ，コーヒー，ゴムノキなどをめぐる争奪の歴史は最近叫ばれる種子戦争の比ではない．そして，その結果は熱帯・亜熱帯地域でのプランテーションを通して現在にまで受け継がれている．地球上で探索がなされていない場所はほとんどない．しかし，個々の作物について考えると，有用な遺伝資源がありそうであるが探索されていない場所は少なくない．また，丁寧に探索することによって，新たな発見にも至ることができる．実際，著者の研究室では過去20年にわたるソバ野生種の探索を中国南部，四川省，雲南省，チベット自治区で行った結果，8種のソバ属新種と2種の新亜種を発見し，栽培ソバの野生祖先種を突き止めることができた．

　ある作物を考えたとき，どの程度重要な植物をどの範囲まで広げて探索，収集し，保存するかという現実的な問題になるとそれを決定するのは非常に困難である．というのは，それらの利用を考えたとき，現時点での利用なのか，50年後，100年後の利用なのかという問題があるからである．近代育種の技術の進展は急速であり，20年後，50年後に何が起こっているかを予測することが困難であるからである．

　著者の研究室ではこれまでコムギ・エギロプス野生種の系統保存事業を行ってきた．系統保存を始めて50年近くになる．10年，20年という比較的短期間の保存を考えたものであった．長期間の保存という目的から−80℃での種子保存法があるが，一度保存してしまえば，出し入れが困難であるとの欠点もある．著者の研究室では5℃の低温でなるべく乾燥した状態での古い方法で保存を行っている．種子の出し入れは自由である．これまでの実績からこの方法でもコムギで約20年，ソバで約15年の種子保存が可能である．*in situ* 保存（現在栽培されている場所で栽培を続けること，続けてもらうことによって，その栽培植物を保存すること）も含めて，何を保存し，何を棄てるのかという選択はそれらを将来利用するであろう地域社会（小は同じ食・農耕文化を共有する小さな地域社会から，大は国家，あるいは国家の連合にまで至る）が自らのリスクでその選択にあたるしかないのではないだろうか．

　最後に著者の研究室（京都大学農学研究科栽培植物起原学分野）での探索，収集，保存について簡単に紹介しておこう．参考にはなるであろう．故　木原均，田中正武両教授などによって海外調査を通じて収集された野生コムギ・エギロプ

ス属の収集品を約10000点所有している．1人の研究者と2人の技官がこれらの保存にあたっており，毎年約1000系統を更新している．利用は主に研究用として国内，海外の研究者からの請求に基づいて無償で年約30点分譲している．ソバについても約500系統保存し，こちらも主に野生種の保存であり，年間約20点を育種の基礎材料，研究用として国内外の研究者に分譲している．〔**大西近江**〕

参 考 文 献

赤坂甲治：ゲノムサイエンスのための遺伝子科学入門，裳華房（2002）．
遠藤　隆：コムギおよび近縁植物における染色体分染．遺伝，**39**：18（1985）．
木原　均：小麦の研究，養賢堂（1954）．
木原　均：小麦の合成，講談社（1973）．
木原　均（監修）・山下孝介（編集）：植物遺伝学Ⅰ 細胞分裂と細胞遺伝，裳華房（1980）．
木原　均（監修）・高橋隆平（編集）：植物遺伝学Ⅲ 生理形質と量的形質，裳華房（1976）．
木原　均（監修）・山口彦之（編集）：植物遺伝学Ⅳ 形態形成と突然変異，裳華房（1978）．
木原　均（監修）・酒井寛一（編集）：植物遺伝学Ⅴ 生態遺伝と進化，裳華房（1982）．
木村資生：集団遺伝学概論，培風館（1960）．
木村資生：分子進化の中立説，紀伊國屋書店（1986）．
黒田行昭（編）：基礎遺伝学，裳華房（1992）．
駒野　徹・酒井　裕：ライフサイエンスのための分子生物学入門，裳華房（1999）．
佐々木本道（編）：細胞遺伝学，裳華房（1994）．
杉浦昌弘：葉緑体ゲノムの分子遺伝学．遺伝，**53**：61（1999）．
田中正武：栽培植物の起原，NHKブックス（1975）．
根井正利：分子進化遺伝学，培風館（1990）．
長谷川政美・岸野洋久：分子系統学，岩波書店（1996）．
日向康吉（編著）：花—性と生殖の分子生物学，学会出版センター（2001）．
藪野友三郎・木下俊郎・村松幹夫・三上哲夫・福田一郎・阪本寧男：植物遺伝学，朝倉書店（1987）．
山田康之（編）：シリーズ分子生物学5 植物分子生物学，朝倉書店（1997）．
タマリン，R.H.（木村資生（監訳））：タマリン遺伝学 上・下，培風館（1988）．
ブラウン，T.A.（村松正實（監訳））：ゲノム，メディカル・サイエンス・インターナショナル（2000）．
ヘルト，H.-W.（金井龍二（訳））：植物生化学，シュプリンガーフェアラーク東京（2000）．
Crow, J. F. and Kimura, M.：An Introduction to Population Genetics Theory, Harper & Row

(1970).
Dobzhansky, T. H. : Genetics and the Origin of Species, Columbia Univ. Press (1937).
Endo, T. : *Jpn. J. Genet.*, **65** : 135 (1990).
Hancock, J. F. : Plant Evolution and the Origin of Crop Species, Prentice-Hall, Englewood Cliffs (1992).
Harlan, J. R. : Crops & Man, American Society of Agronomy, Madison (1992).
Hartl, D. L. : Genetics (3rd ed.), Jones and Bartlett Publishers (1994).
Jones, R. N. *et al.* : The Essentials of Genetics, John Murray (2001).
King, R. C. *et al.* : A Dictionary of Genetics, Oxford Univ. Press (1997).
Neuffer, M. G., Coe, E. H. and Wessler, S. R. : Mutants of Maize, Cold Spring Harbor Lab. Press (1997).
Orel, V. : Gregor Mendel, Oxford Univ. Press (1996).
Osako *et al.* : *Fagopyrum* **18** : 9-14 (2001).
Peterson, P. A. and Bianchi, A. : Maize Genetics and Breeding in the 20th Century, World Scientific (1999).
Poehlman, J. M. and Sleper, D. A. : Breeding Field Crops (4th ed.), Iowa State Univ. Press (1995).
Rieger, R. *et al.* : Glossary of Genetics and Cytogenetics (4th ed.), Springer-Verlag (1976).
Wiley, E. O. : Phylogenetics, John Wiley & Sons Inc. (1981) [日本語訳：宮正樹ほか (訳)：系統分類学，文一総合出版 (1991)].
Wright, S. : Evolution and the Genetics of Populations, Vol. 1-4, Univ. Chicago Press (1968-1978).

索　引

ア　行

アグロバクテリウム　*Agrobacterium*　117
アポミクシス　apomixis　4, 19
アミノアシル化　aminoacylation　77
アミノアシル tRNA 合成酵素　aminoacyl‑tRNA synthetase　77
アミノ酸　amino acid　75
受容アーム　acceptor arm　77
アミノ末端　amino terminus　75
RNA エディティング　RNA editing　111
RNA ポリメラーゼ　RNA polymerase　69
アンチコドン　anticodon　77
アンチコドンアーム　anticodon arm　77
アンチセンス RNA　antisense RNA　119
アンチモルフ　antimorph　41
安定化選択　stabilizing selection　126
アントシアニン合成遺伝子　anthocyanin synthesis gene　58

鋳型　template　66
閾値　threshold　47
異質染色質　→ヘテロクロマチン
異質倍数性　allopolyploidy　142
異質倍数体　allopolyploid　100
異数性　aneuploidy　93
一遺伝子一酵素説　one gene‑one enzyme hypothesis　44
一次狭窄　primary constriction　82
一染色体植物　monosomics　93
一価染色体　univalent　103
一側性不和合性　unilateral incompatibility　27
遺伝暗号　genetic code　75
遺伝子型　genotype　36
遺伝子型頻度　genotype frequency　120
遺伝子間相互作用　gene interaction　43
遺伝資源　genetic resources　153
遺伝子工学　genetic engineering　113
遺伝子座　locus　42
遺伝子頻度　gene frequency　121
遺伝的多型　genetic polymorphism　132
遺伝的多様性　genetic divergence　152
遺伝的浮動　genetic drift　128
in situ ハイブリダイゼーション　*in situ* hybridization　85
in situ 保存　*in situ* preservation　154
イントロン　intron　73

動く遺伝子　transposable element　57

永久雑種　permanent heterozygosity　46
栄養繁殖　vegetative propagation　5
エキソン　exon　73
X 染色体　X chromosome　11, 50
エピアレーレ　epiallele　60
ABC モデル　ABC model　10
エピスタシス　epistasis　45
mRNA 前駆体　mRNA precursor　72
塩基除去修復　base excision repair　67
塩基対　base pair　63
塩基配列　nucleotide sequence　70
エンレイソウ（の一種）　*Trillium ovatum*　140

オオムギ　*Hordeum vulgare*　82, 94
岡崎フラグメント　Okazaki fragment　66
オーキシン　auxin　117
オクトピン　octopine　117
オルガネラ　(cell) organelle　54, 107

カ　行

開始コドン　initiation codon　78
開始 tRNA　initiator tRNA　78
花芽分化　floral differentiation　6
花器官の分化　differentiation of flower organ　8
架橋‑切断‑融合‑架橋の過程　bridge‑breakage‑fusion‑bridge（BBFB）cycle　95
核型　karyotype　82
核ゲノム　nuclear genome　105
核小体低分子 RNA　small nucleolar RNA　69
核相交代　alteration of nuclear phase　2

索　引

核内低分子 RNA　small nuclear RNA　69
隔離機構　isolating mechanism　139
κ粒子　κ particle　55
花粉　pollen　13
カルボキシル末端　carboxyl terminus　75
感光性　photoperiodic sensitivity　8

擬似突然変異　paramutation　59
擬似変異原性　paramutagenicity　60
擬似変異性　paramutability　60
キセニア現象　xenia phenomenon　51
GISH　genomic in situ hybridization　86
機能的制約　functional constraint　41
基本栄養成長性　basic vegetative growth　7
基本数（染色体数の）　basic number　99
基本転写因子　general transcription factor　70
帰無仮説　null hypothesis　39
キメラ　chimera　6
逆位（染色体の）　inversion　96
逆遺伝学　reverse genetics　118
キャップ構造　cap structure of mRNA　72
休眠　dormancy　32, 148
キュウリ　Cucumis sativus　11
共優性　codominance　41
共有派生形質　synapomorphic character　133
近縁係数　coefficient of parentage　122
近縁野生種　wild relatives　150
キンギョソウ　Antirrhinum majus　10, 40, 46
近交係数　inbreeing coefficient　122
近親交配　inbreeding　121

組換え　recombination　49
組換え DNA　recombinant DNA　113
組換え DNA 実験　recombinant DNA experiment　113
繰り返し配列　→反復配列
クローニング　cloning　113
クローン　clone　5
クローン化　→クローニング

傾斜　cline　127
系統保存　preservation of genetic resources　154
欠失（染色体の）　deletion, deficiency　95
ゲノミックライブラリー　genomic library　114
ゲノム　genome　81, 99, 105
ゲノムインプリンティング　genome (parental) imprinting　61
ゲノム分析　genome analysis　102
限界日長　critical daylength　7
減数分裂　meiosis　81, 89

検定交雑　test cross　38
工業暗化　industrial melanism　139
高次形態（対立遺伝子間の関係）　hypermorph　40
光周性　photoperiodism　7
酵母人工染色体　yeast artificial chromosome (YAC)　114
コスミド　cosmid　114
コドン　codon　75

サ　行

細菌人工染色体　bacterial artificial chromosome (BAC)　114
最節約法　most parsimony　135
サイトカイニン　cytokinin　117
細胞系譜　cell lineage　53
細胞雑種　cell hybrid　112
細胞質　cytoplasm　74
細胞質遺伝　cytoplasmic inheritance　54
細胞質雄性不稔性　cytoplasmic male sterility　15, 112
細胞周期　cell cycle　86
細胞小器官　→オルガネラ
細胞自律的　cell-autonomous　52
細胞内共生説　endosymbiont theory　54, 109
在来品種　indigenous variety　150
雑種強勢　heterosis　42
雑種形成　hybridization　140
三核性花粉　trinucleate pollen grain　13
三染色体植物　trisomics　94

シアネラ　cyanelle　110
自家不和合性　self-incompatibility　22, 142
指向性選択　directional selection　126
自己認識分子　self recognition molecule　27
自殖　autogamy　4
雌ずい　pistil　18
シストロン　cistron　43
自然淘汰　natural selection　124
cDNA ライブラリー　cDNA library　114
シナプトネマ構造体　synaptonemal complex　52, 91
シャイン-ダルガーノ配列　Shine-Dalgarno sequence　109
シャクチリソバ　Fagopyrum cymosum　146
雌雄異株　dioecy　4, 12
終止コドン　termination codon　76
雌雄性　sexuality　10, 50
雌雄同株　monoecy　4, 10

索　引

種間不和合性　interspecific incompatibility　27
種子植物　spermatophytes　1
種子繁殖　seed propagation　3
受精　fertilization　2, 28
受粉　pollination　22
種分化　speciation　138
春化処理　vernalization　7
純系　pure line　34
常染色体　autosome　50
自律的な調節要素　Activator（AC）　59
シロイヌナズナ　Arabidopsis thaliana　105
進化の中立説　neutral theory of evolution　130
仁形成体部位　nucleolar organizing region　83
真正クロマチン　euchromatin　62
真正染色質　→真正クロマチン
浸透交雑　introgressive hybridization　141
浸透度（遺伝子の）　penetrance　48

水素結合　hydrogen bond　63
スプライシング　splicing　73
スプライソソーム　spliceosome　74

生活環　life cycle　1
制限酵素　restriction endonuclease, restriction enzyme　113
精細胞　sperm cell　2, 13
性染色体　sex chromosome　11, 50
性染色体の不活化　inactivation of sex chromosome　61
生態型　ecotype　138
正倍数性　euploidy　98
生物学的種　biological species　120
染色体　chromosome　81
染色体説　chromosome theory　49
染色体突然変異　chromosomal mutation　93
染色分体　chromatid　83

創始者原理　founder principle　131
相同染色体　homologous chromosome　89
挿入（トランスポゾンの）　insertion　59
相補 DNA　complementary DNA（cDNA）　115
ソバ　Fagopyrum sagittatum　23, 143
ソラマメ　Vicia faba　88

タ　行

体細胞組換え　somatic recombination　52
体細胞胚　somatic embryo　31
体細胞変異　somaclonal variation　31
体細胞有糸分裂　(somatic) mitosis　81
ダイズ　Glycine max　53

対立遺伝子　allele　36
対立性検定　allelism test　42
他殖　allogamy　4
TATA ボックス　TATA box　70
タネナシスイカ　seedless watermelon　101
タバコ　Nicotiana tabacum　108, 112
タペート細胞　tapetum　14
多面作用　pleiotropy　47
単為生殖　parthenogenesis　21
短日植物　short-day plant　7

致死遺伝子　lethal gene　46
虫媒　entomophily　22
超遺伝子　supergene　143
長日植物　long-day plant　7
重複（染色体の）　duplication　96
重複受精　double fertilization　28
超雄性　supermale　12
超優性　overdominance　126
超優性説　overdominance theory　42

Ti プラスミド　Ti plasmid　117
D アーム　D arm　77
Taq ポリメラーゼ　Taq polymerase　116
DNA 修復　DNA repair　67
DNA の二重らせん構造　double helix structure of DNA　63
DNA 複製　DNA replication　64
DNA ポリメラーゼ　DNA polymerase　66
DNA 連結酵素　DNA ligase　66
低温要求性　chilling requirement　8
低次形態（対立遺伝子間の関係）　hypomorph　40
T-DNA　117
TΨC アーム　TΨC arm　77
テロメア　telomere　83, 107
転移　transposition　59
転座　translocation　51, 97
転写　transcription　69

動原体　centromere　82
同質倍数性　autopolyploidy　142
同質倍数体　autopolyploid　100
トウモロコシ　Zea mays　59, 127
同類対立遺伝子　iso-allele　41
独立遺伝の一般則　law of independent assortment　35
独立の法則　law of independence　35
トランスジェニック植物　transgenic plant　117
トランスファー RNA　transfer RNA（tRNA）　69

トランスポゾン　transposon　58

ナ　行

二核性花粉　binucleate pollen grain　13
二価染色体　bivalent　90, 103
ニラ　Allium odorum　19, 28
任意交配　random mating　121

ヌクレオチド　nucleotide　63

ネオモルフ（対立遺伝子間の関係）　neomorph　41
稔性回復遺伝子　restorer-of-fertility gene, fertility-restorer gene　16

乗換え　crossing-over　53, 91

ハ　行

胚　embryo　29
配偶子致死遺伝子　gametocidal gene（Gc）　97
配偶体　gametophyte　2
配偶体的致死　gametophytic lethal　47
胚珠　ovule　8
倍数性　polyploidy　98
倍数体　polyploid　98
胚乳　endosperm　30
胚嚢　embryo sac　18
胚培養　embryo culture　30
胚様体　embryoid　31
バクテリオファージ　bacteriophage　114
ハクサイ　Brassica rapa　14, 31
発育過程での道づけ　canalization　48
Hardy-Weinbergの法則　Hardy-Weinberg's law　121
パンコムギ　Triticum aestivum　99
伴性遺伝　sex-linked inheritance　50
反応規格　reaction norm　41, 47
反復配列　repeated sequence　107
半保存的複製　semiconservative replication　65

非還元配偶子　unreduced gamete　104
微細構造　fine-structure of gene　57
PCR法　polymerase chain reaction method　115
被子植物　angiosperms　1
非自律的な調節要素　Dissociation（Ds）　59
非脱粒性　non-shattering habit, non-brittleness　148
表現型　phenotype　36
表現型可変性　phenotypic plasticity　48
びん首効果　bottleneck effect　131

FISH　fluorescence in situ hybridization　86
Vループ　V loop　77
風媒　anemophily　22
複製起点　origin of replication　65
複製フォーク　replication fork　65
複相胞子形成　diplospory　20
複対立遺伝子　multiple alleles　25, 41
複二倍体　amphidiploid　101
付随体　satellite　83
父性遺伝　paternal inheritance　29, 55
不定芽　adventitious bud　6
不定胚　adventitious embryo　31
不定胚生殖　adventitious embryony　20
不適合性　incongruity　28
不適正塩基対修復　mismatch repair　67
プライマー　primer　66
プライマーゼ　primase　67
プラスミド　plasmid　114
プロセシング　processing　71
プロテオーム　proteome　74
プロモーター　promoter　70
不和合性　incompatibility　22
分子育種　molecular breeding　116
分子系統樹　molecular phylogenetic tree　133
分子進化　molecular evolution　133
分子時計　molecular clock　133
分染法　differential staining technique　85
分断選択　disruptive selection　126
分離の法則　law of segregation　34

閉花受粉　cleistogamy　4
ベクター　vector　114
ペチュニア　Petunia hybrida　112
ヘテロクロマチン　heterochromatin　63, 85, 107
ペプチド結合　peptide bond　75
ヘリカーゼ　helicase　66
ヘリタビリティ　heritability　126

胞子体　sporophyte　2
胞子体的致死　sporophytic lethal　47
紡錘糸　spindle fiber　88
母性遺伝　maternal inheritance　29
母性効果　maternal effect　55
補足遺伝子　complementary gene　43
ポリ（A）配列　poly（A）tail　72
ポリヌクレオチド　polynucleotide　63
ポリペプチド　polypeptide　75
ポリメラーゼ連鎖反応法　→ PCR法
翻訳　translation　74

マ 行

マカロニコムギ　Triticum durum　100, 104

ミトコンドリア　mitochondria　54
ミトコンドリアゲノム　mitochondrial genome　110
ミトコンドリア変異　mitochondrial mutation　112

無性生殖　asexual reproduction　3
無定形態（対立遺伝子間の関係）　amorph　40
無配偶生殖　→アポミクシス
無胞子生殖　apospory　21

メッセンジャー RNA　messenger RNA（mRNA）　69
メンデルの法則　Mendel's law　33

ヤ 行

野生祖先種　wild ancestor　149

融合遺伝子　fused gene　112
融合説　blending theory　33
雄ずい　stamen　13
優性　dominance　34
有性生殖　sexual reproduction　3
優性説　dominance theory　42
雄性不稔性　male sterility　15
優劣の法則　law of dominance　34
ゆらぎ　wobble　78

葉緑体　chloroplasts　54
葉緑体ゲノム　chloroplast genome　107
読みとり枠　open reading frame　79
四染色体植物　tetrasomics　93

ラ 行

ライオン仮説　Lyon hypothesis　61
ライムギ　Secale cereale　86, 90
ラギング鎖　lagging strand　66
卵細胞　egg cell　2, 18

リーディング鎖　leading strand　66
リボソーム　ribosome　75
リボソーム RNA　ribosomal RNA（rRNA）　69
粒子説　particule theory　33
両性遺伝　biparental inheritance　55
量的遺伝子座　quantitative trait locus（QTL）　46
量的形質　quantitative trait　45
量的形質　quantitative character　126
緑色植物　green plants　1
リン酸ジエステル結合　phosphodiester bond　63

零染色体植物　nullisomics　93
劣性　recessiveness　34
劣性上位　recessive epistasis　45
連鎖　linkage　51

ワ 行

Y 染色体　Y chromosome　11, 50
Wahlund 効果　Wahlund effect　124

編著者略歴

三上哲夫
1949年　北海道に生まれる
1978年　北海道大学大学院農学研究科博士課程修了
現　在　北海道大学大学院農学研究科教授
　　　　農学博士

著者略歴

西尾　剛
1952年　大阪府に生まれる
1980年　東北大学大学院農学研究科
　　　　博士課程修了
現　在　東北大学大学院農学研究科
　　　　教授
　　　　農学博士

佐野芳雄
1947年　大阪府に生まれる
1975年　北海道大学大学院農学研究科
　　　　博士課程修了
現　在　北海道大学大学院農学研究科
　　　　教授
　　　　農学博士

遠藤　隆
1949年　大阪府に生まれる
1974年　京都大学大学院農学研究科
　　　　修士課程修了
現　在　京都大学大学院農学研究科
　　　　教授
　　　　農学博士

大西近江
1943年　滋賀県に生まれる
1974年　ウィスコンシン大学大学院農学
　　　　生命科学研究科博士課程修了
現　在　京都大学大学院農学研究科
　　　　教授
　　　　Ph.D.

植物遺伝学入門　　　　　　　　　定価はカバーに表示

2004年3月5日　初版第1刷
2023年1月25日　　　第13刷

編著者　三　上　哲　夫
発行者　朝　倉　誠　造
発行所　株式会社　朝　倉　書　店
　　　　東京都新宿区新小川町6-29
　　　　郵便番号　162-8707
　　　　電　話　03(3260)0141
　　　　FAX　03(3260)0180
　　　　https://www.asakura.co.jp

〈検印省略〉

© 2004 〈無断複写・転載を禁ず〉　　シナノ・渡辺製本

ISBN 978-4-254-42026-5　C 3061　　Printed in Japan

JCOPY <出版者著作権管理機構　委託出版物>

本書の無断複写は著作権法上での例外を除き禁じられています。複写される場合は、そのつど事前に、出版者著作権管理機構（電話 03-5244-5088, FAX 03-5244-5089, e-mail: info@jcopy.or.jp）の許諾を得てください。

好評の事典・辞典・ハンドブック

火山の事典（第2版）	下鶴大輔ほか 編	B5判 592頁
津波の事典	首藤伸夫ほか 編	A5判 368頁
気象ハンドブック（第3版）	新田 尚ほか 編	B5判 1032頁
恐竜イラスト百科事典	小畠郁生 監訳	A4判 260頁
古生物学事典（第2版）	日本古生物学会 編	B5判 584頁
地理情報技術ハンドブック	高阪宏行 著	A5判 512頁
地理情報科学事典	地理情報システム学会 編	A5判 548頁
微生物の事典	渡邉 信ほか 編	B5判 752頁
植物の百科事典	石井龍一ほか 編	B5判 560頁
生物の事典	石原勝敏ほか 編	B5判 560頁
環境緑化の事典	日本緑化工学会 編	B5判 496頁
環境化学の事典	指宿堯嗣ほか 編	A5判 468頁
野生動物保護の事典	野生生物保護学会 編	B5判 792頁
昆虫学大事典	三橋 淳 編	B5判 1220頁
植物栄養・肥料の事典	植物栄養・肥料の事典編集委員会 編	A5判 720頁
農芸化学の事典	鈴木昭憲ほか 編	B5判 904頁
木の大百科［解説編］・［写真編］	平井信二 著	B5判 1208頁
果実の事典	杉浦 明ほか 編	A5判 636頁
きのこハンドブック	衣川堅二郎ほか 編	A5判 472頁
森林の百科	鈴木和夫ほか 編	A5判 756頁
水産大百科事典	水産総合研究センター 編	B5判 808頁

価格・概要等は小社ホームページをご覧ください．